一点突破メーカー「ライソン」の破天荒日記!

ライソン株式会社
代表取締役社長　山 俊介
聞き書き　岸川貴文

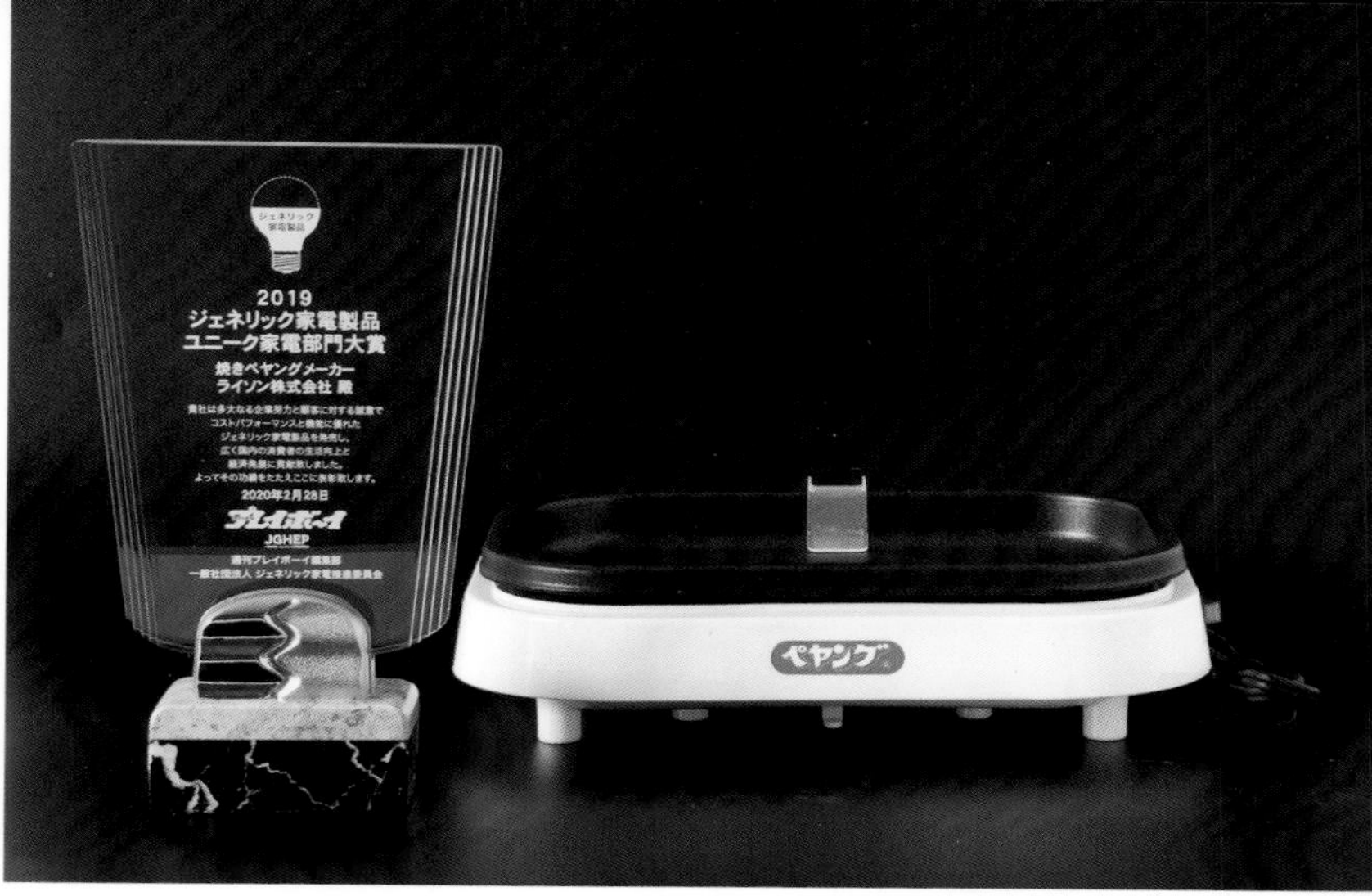

焼きペヤングメーカー

それは居酒屋での何気ない会話から始まった。「カップ焼きそばって、焼いてへんよな」「カップ焼きそばを焼いてつくってみたらおいしいのか？」――そんな純粋な好奇心から始まった開発の日々。「ペヤング」をホットプレートで焼いては試食する日々の繰り返しのなかで、社長の山 俊介はあることを発見する。価格と機能とのせめぎ合いのなか、発見した「勝利の方程式」とは？

ギガ
たこ焼き器

「でっかいたこ焼きを独り占めしたい」そんな誰もが（？）夢見る願望を実現してくれるのがこの〈ギガたこ焼き器〉。直径10cmの巨大たこ焼きは、通常サイズのたこ焼き10個分のわんぱくさだ。巨大たこ焼きをつくりながら、隣でアヒージョをつくって楽しむなんてこともできる。大人数のパーティで主役になること間違いなし。

ジャンボわたあめ屋さん

アメ村や原宿で「ジャンボわたあめ」がインスタ映えしていることに着想を得た社長の山は、既存のわたあめ機を改良して、巨大なわたあめがつくれる「わたあめ機」を考案。受け皿部分のパーツを6cm大きくすることで実現させた。はじめてクラウドファンディングをした製品。

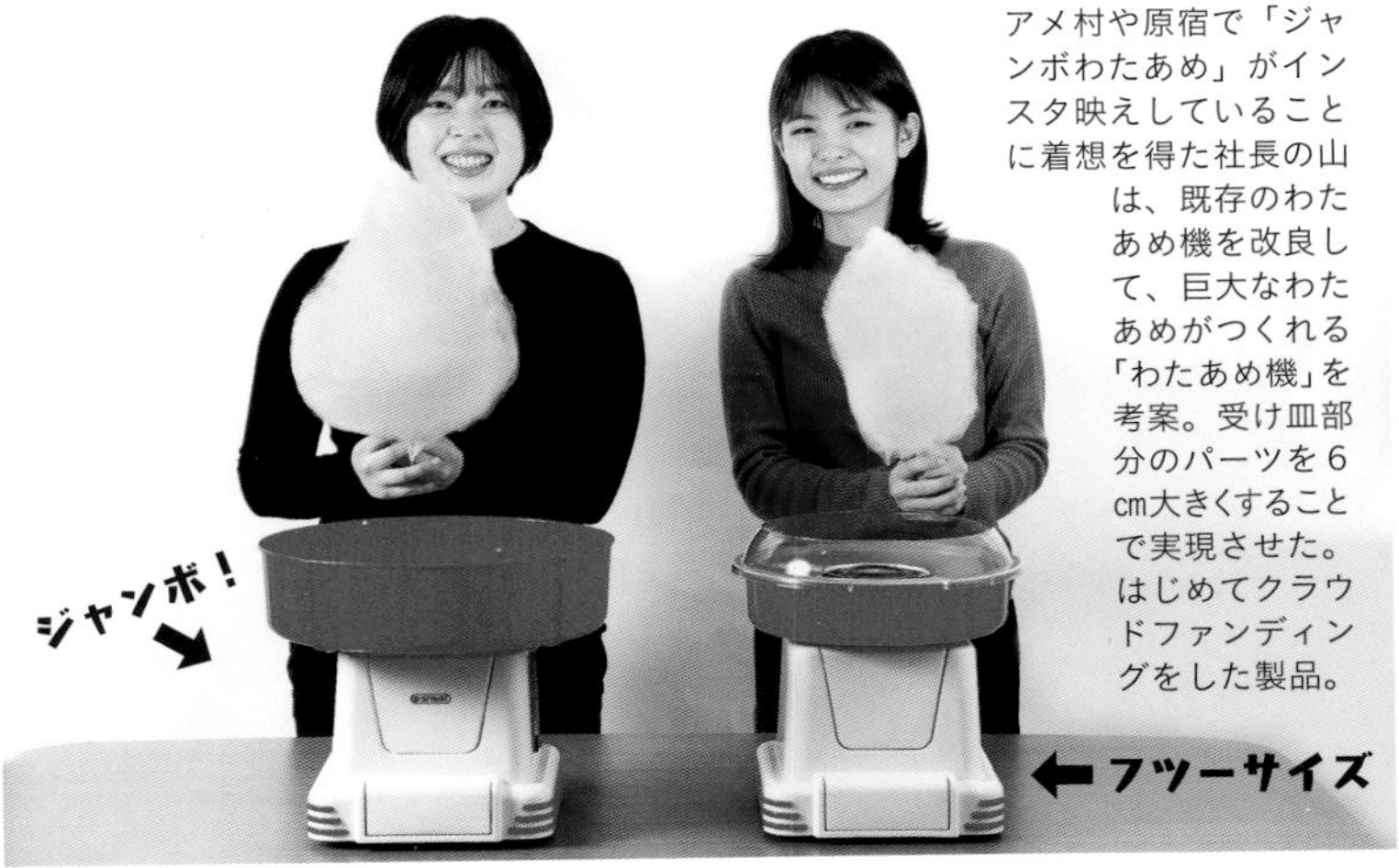

本格流しそうめん

夏が来れば思い出す、あの流しそうめん――従来の「流れるプール式」ではなく、「竹筒を流れるような本格的な流しそうめんが自宅でできないか」と発想。全長１mにもなり、組み合わせ方によって何通りもそうめんの流し方が変えられる。そうめんパーティーで、みんなが楽しめる方法として、山 俊介が考えたある仕様とは？

インペリアル クーラーボックス

頑丈さと保冷性を兼ね備えたハードクーラーボックスのPR方法を考えていた折、ふとオフィス隣にあったショベルカーが目にとまる。「これで踏んでみたらエエやん!」。さらには10mの高さからの落下実験。酔狂なPR作戦には、彼らなりの確かな勝算があった。

焼き鳥グリル

「焼き鳥が卓上で焼ける！」がコンセプトだったが、調理済みの焼き鳥を温めるのに利用しているユーザーもいることが明らかに！　卓上で自ら焼き鳥を焼き、アツアツを楽しめるガジェットとして人気の一品。

超蜜やきいもトースター

焼きいも屋台が集まるイベント「品川やきいもテラス」を訪れた山は、若い女性たちに焼きいもが今でも超絶人気であることに驚く。長蛇の列をつくっていたある店の主人に「焼きいもトースター」の監修を依頼する。カギは、いもを熱する温度にあった。山たちライソンのメンバーには新たな試食地獄の日々がはじまろうとしていた――。

ホームロースター

「自宅でコーヒー豆の焙煎ができないか」
──そんな無理難題にひとりの男が立ち上がった。ライソン国際部の甲斐大祐が数々の立ちはだかる難題に果敢に挑んでいく。その一方で、クラウドファンディングによりエンドユーザーからの期待の声は膨らんでいく。「コーヒー豆の焙煎」という奥深い沼にハマりながらも、甲斐は中国工場とのタフな交渉を続け、完成へ向けてにじり寄っていく。

せんべろメーカー

「せんべろ」とは「千円でべろべろに酔える」ような価格帯の酒場のこと。「“リモート飲み”に使える調理器を」と、もともとあった〈焼き鳥グリル〉を改良。居酒屋で出てくるようなちょっとしたおつまみを焼いたり、煮たり、焙ったりしながら省スペースで飲み食いできる。

売れない営業時代、会社の立ち上げ、事業の売却など艱難辛苦の時代を経て、20数人のライソン株式会社を36歳で率いることになった山 俊介社長。この物語はもがきながらも進み続ける山 俊介の成長ストーリーでもある。

2008年からスタートした株式会社ピーナッツ・クラブの第二営業部がライソン株式会社として分離独立したのは2018年のこと。前身の時代から悲願であった自社製品開発のために立ち上がったのは、入社時に同期のなかで最低評価だった山 俊介だった。ハイレベルでもなければハイセンスでもないが、今までにない商品と今までにない売り方で、コンペティション極まる家電業界に敢然と立ち向かう破天荒集団である。

開発段階から取材が殺到するライソン。これまでに受けた取材は200件以上だ。取材されてメディアで発信されると、「販売店に客からの問い合わせが入る→販売店から注文が来る→売れる→取材される→販売店に客からの問い合わせが……」の連鎖が起きる。

はじめに

2019年1月27日、ぼくたちの会社「ライソン」が開発した、〃焼きペヤング〃がつくれるホットプレート、〈焼きペヤングメーカー〉と、自宅でコーヒー豆の焙煎が気軽にできる〈ホームロースター〉が、ジェネリック家電製品大賞の部門賞を受賞したことが発表されました。

ジェネリック家電製品大賞とは、日本国内で発売される電機大手8社以外の、優良な中小家電メーカー製家電製品に贈られる賞で、〈焼きペヤングメーカー〉は「ジェネリック家電製品大賞ユニーク家電部門賞」を、〈ホームロースター〉は「ジェネリック家電製品大賞ベストコンボ賞」をそれぞれ受賞しました。

2018年にライソンが誕生（前身の株式会社ピーナッツ・クラブ第二営業部設立は2008年）してから、幸運にもいくつかのヒット商品を世に送り出してきたことが別の形で評価されたことは、本当に喜ばしいことでした。

ぼくたちライソンは東大阪市にあるわずか20数名の家電メーカーで、最先端の技術をもっているわけでもなければ、特別におしゃれな感性をもっているわけでもありません。でも、商品や売り方の〝切り口〟を変えれば、売れることがわかりました。いくつかの商品が当初の想定の5倍、10倍の売上を記録しています。これにはぼくたち自身が驚いているのです。

商品への愛と情熱と、考え方の転換で、意外なことが起きる――そんなことを教えてもらったライソンでの3年でした。そんなぼくたちのちょっとした成功の思考の軌跡を、フリーライターの岸川貴文さんにまとめてもらいました。本書ではライソン社員も出てきますが、本のなかでもぼくの普段の呼び方で書かせて頂きました。ぼく自身、創業社長ではなく、新入社員のころから一緒に仕事をしている仲間もいるのと、社長の役割ではありますが、社長っぽくないとよく言われているので（笑）、そんな雰囲気もお伝えできたらと思いました。真摯に仕事に向かうすべての職業人に向けて書きましたので、納得したり、共感したり、ときには笑ったりしながら読んでもらえると嬉しいです。

ライソン株式会社　代表取締役社長　山　俊介

目次

第2章 「売る」の神髄をつかめ

第3章 お客さんのことを心底考え、商品にとことん向き合え

第4章 みんなを幸せにするつもりなんかない

5

6

プロローグ　〈焼きペヤングメーカー〉誕生前夜

「なんでこんなことになったんや……」


片隅だけ電灯を残した事務所の一角でぼくはひとりごちた。

時刻は午前1時をまわろうとしていた。

何度も何度も試食する。

お腹はパンパンで、ワイシャツのボタンがもう限界だと悲鳴を上げている。

夜食にしては多すぎる量の焼きそばを、ぼくは食べていた。

そう、ぼくは「ペヤングソースやきそば」をホットプレートで焼いてつくることのできる、〈焼きペヤングメーカー〉を開発しようとしていた。

何度も試作するが、麺に芯が残っていたり、逆にベチャベチャになったりして、ちょうどいい具合に茹でられないし、うまく焼けない。

水分量はお湯を注いでつくるレギュラーサイズのペヤングでは480ml、超大盛は820mlの湯量が推奨量だが、ペヤングを焼いて食べる場合、同じ量ではベチャベチャになってしまう。

それはそうだ。

レギュラーサイズのペヤングは、麺を茹でてつくるのではなく、お湯で戻すものだ。〈焼きペヤングメーカー〉は、お湯が蒸発してなくなるまで茹で、その後、焼くことで、湯切りの必要がないようにしたものだから、お湯の量は少なくしなければならない。

誰もやったことがないことだから、誰も答えをもっていない。

自分でおいしいと思える麺の食感を求めて、ひたすら試作と試食を繰り返しかない。

レギュラーサイズのペヤングと超大盛のそれぞれの水分量を厳密に量ってつくり、それを試食、食感や味などをノートに記し、最適な湯量をしらみつぶしに探っていった。

いつかは正解にぶつかると信じて――。

＊

２０１７年12月、ぼくは所用で東京に出張していた。

当時ぼくが所属していた株式会社ピーナッツ・クラブは高輪《たかなわ》に東京事務所がある。事務所の人たちとは旧知の仲で、出張で訪れるとそこの社員たちとだいたい夜、飲みに行くことになる。

その日も、一緒に来ていた東大阪事務所の同僚と、東京事務所のメンバー数人と連れ立って夜の街に出た。

ぼくは地域による食文化の違いについて話をするのが好きで、よく居酒屋でも話題にしていた。東京事務所の人たちは基本、関東住まいだから、関西人のぼくらと食の話が盛り上がる。

たとえば、大阪と広島のお好み焼きの違いとか、「どん兵衛」は関東と関西でだしの味が違うのだ、といった話だ。

うどんやそばの味は関西と関東ではっきり違っている。

関東の人は「関西は薄味」だと言う。関東の人は塩味が薄いのを「薄味」と表現するようだ。うどんやそばのだし汁は、関東は醤油の味が強いが、関西はだしの味が強い。所変われば味も変わる。

そんなことを話題にしていたなか、ふとカップ焼きそばの話になった。

関東ではペヤングが人気だが、関西では（他の地方でもそうかもしれないが）カップ焼きそばといえば日清のU．F．O．だ。

ペヤングは群馬のまるか食品が製造しているため、関東圏に強い。ところが、関西になると一気にペヤングは勢力を弱めて、その座を日清のU.F.O.に譲っている。

今では大阪でもコンビニにペヤングが置かれているが、スーパーではあまり見かけず、大阪のコンビニで売りはじめたのも2013年からの話だ。

要は関西人にはU.F.O.のほうが馴染みはあるのだ。

ふとぼくの口から**「焼きそばっていうけど、あれって焼いてないよな?」**という言葉が出てきた。

「ほんまや」

「確かにそうですね」

「あれって、焼いたらうまいんかな」

「どうでしょうね……」

カップ焼きそばはご存知のとおり、お湯を注いで3分待ち、お湯を切ってソースを入れるとでき上がるので、麺を焼いてはいない。あれを焼いたらどうなるのか。

そのことが気になって気になって、その後、何を話したのか、まったく覚えていない。

翌日、大阪に帰り、仕事が終わってからコンビニでペヤングを購入した。妻の手料理を食べたあと、小腹が空《す》くのを待ち切れずに、ぼくは〝焼きペヤング〟の製作に取り掛かった。

フライパンを取り出し、水を注いで沸騰させた。袋入り焼きそばのつくり方を思い出しながら、沸騰したところにペヤングの麺を入れて水分が蒸発するまで茹でた。

ほぼ水けがなくなったところでソースを投入。少し炒めてカップに戻し、スパイスとふりかけを入れてよく混ぜ合わせて食べてみた。

「んんッ!!　なんやこれ!!」

食べた瞬間ソースの塩味がフワっと鼻腔《びこう》に広がり、次にスパイスがそれと混ざり合った。噛むとほどよい弾力で歯を押し返してくる。モチモチだ。

「めっちゃ、うまいやん‼」

思わず声が出た。

「これはイケる！　〝ペヤング専用ホットプレート〟をつくろう！」

ぼくの胸はこれまでにないくらい高鳴った。

この先、ぼくらに試食地獄が待っていようとは、このとき知る由《よし》もなかった。

第1章

〈焼きペヤングメーカー〉ができるまで

第1話

カップ焼きそばって焼いてないよね

〝焼きペヤングメーカー〟の開発を思い立ったぼくは、〝焼きペヤング〟を会社で再現してみんなにも食べてもらおうと考え、朝、会社近くのコンビニでまたペヤングを3つ購入し、喜び勇んで出社した。

昼、会社の隅にあった既存商品のひとり用ホットプレートを取り出して、昨夜の通りつくってみた。

できた〝焼きペヤング〟を社員のみんなに食べてもらった。すると、

「んんッ、まず……」

気まずい空気が流れた。

つくっているときから**「なんか違うな」**とは感じていた。

水分が飛び切らず、ベチャッとしたでき上がりになってしまっていた。

自分で食べても、昨夜のとは明らかに違うことはわかった。

何がいけなかったのか。

きちんと水の分量を量って2度、3度とつくってみたが、何度やってもベチャッとした焼きそばができた。どうしても昨夜のようなモチッとした食感にならない。

「問題は水の量じゃなくて、ホットプレートのほうにあるんじゃないか」と思った。

会社に置いてあったホットプレートには温度調節のつまみがない。こういうタイプのホットプレートは、ある程度の高温になったら通電しないようにするサーモスタットという安全装置がついている。これがないと、温度が上がりすぎて危険なのだ。

サーモスタットが作動するとプレート表面の温度が下がり、水分が飛ばなくなる。長い時間水に浸った麺は水分を吸って伸び切ってしまい、ソースとからまなくなっていた。

問題はホットプレート表面の温度にあるとわかったので、すぐにこれまで取引のあった中国の工場に連絡し、さらに高い温度で焼けるホットプレートをつくってもらうことにした。

「ホットプレートの表面温度を上げる」と一言でいっても、そう簡単なものではない。

中国の工場で、単に「温度上げて」とリクエストをして仮につくることができても、自分たちでその原理がわかっていなければ、日本で売るときの国内基準を満たせない。家電にもいろいろと規制があるのだ。

大きな不具合が出たら責任は自分たちにあるわけだし、万一、発火するようなことがあったりしたら、大問題となり、それでもうすべては水の泡になる。

電気をたくさん流したらいいのか、それともヒーターの素材によって温度が出るのか。温度制御の装置を変えればいいのか、そんなこともわからなかった。

電気回路については、元三洋電機の技術者で社員の梅本順一さんに教えてもらいながら、また、図書館で料理本を開いて焼きそばの研究をしながら、中国の工場と交渉していった。

最初のコンセプトからブレるな

プレート表面の温度は、一般的なホットプレートの場合、180度くらいに一度上がったあと徐々に下がっていくが、温度を高めたままある程度の時間、維持する仕様に改めた結果、温度設定についてはほぼ決めることができた。これが試作機1号機だった。

試作機が来てすぐに試しでつくってみると、麺の状態はそこそこいいが、プレートに麺がたくさんこびりついてしまう。そこでフッ素加工を二重にすることにした。

その次に、今度は水の量を5ccきざみで試作し、ベストな水の量を探っていった。

主に開発に携わっていたのは、ぼくと当時入社2年目の川崎貴則くんと50代の貿易業務を担当する芳谷謙二《はがやけんじ》さんの3人だけ。ぼくらの昼食は4か月間、ずっとペヤングだった。

普通盛と超大盛を毎日それぞれ2回ずつつくる日々が続いた。

ときには深夜までずっと焼きそばを試作し続けた。

そのころにはペヤングは「激辛」や「にんにくMAX」など、さまざまな味が発売されていたから、どの味のものでつくってもおいしくつくれるか試さねばならなかった。ときには、通常のつくり方でつくったペヤングと、ホットプレートでつくったペヤングと食べ比べてみた。

つくっては食べ、感想をノートに記し、またつくっては食べた。

味はもちろんおいしいのだが、何しろ終わりが見えないのが苦しかった。

いつ終わるとも知れない地獄のような日々が続いた。

「彼らは何をやってんねやろ？」

事務所の端っこで焼きそばをつくり続けているぼくらを他の社員は奇異な目で見つめていた。

ピーナッツ・クラブの若い後輩たちにも食べ比べをしてもらった。もちろん、どっちが〈焼きペヤングメーカー〉でつくったペヤングかを知らせずに、だ。

すると、10人中10人が〈焼きペヤングメーカー〉でつくったペヤングのほうが「おいしい」と言ってくれた。

プロローグで述べたような試行錯誤の日々を経て、結果的に水の量はレギュラーサイズのペヤングが220ml、超大盛が300mlにやっと決まった。

水の量は決まったが、今度は水の量をどうやって量るのかが問題になった。〈焼きペヤングメーカー〉で苦労したのは、意外にもプレート表面の温度ではなく、この「水の計量問題」だった。

最初は計量カップをつけようと考えたが、それだと梱包サイズが大きくなってしまい、ネット通販などで購入したとき送料が高くついてしまう。

計量カップを付属することは諦め、プレートに目安となる線を入れることにした。炊飯ジャーについている「水をここまで入れる」の線だ。

ペヤングには普通盛と超大盛がある（最近はそれ以上のものもある）。

この普通盛と超大盛では、つくるときの水の量ももちろん違う。しかし、それをプレートの線で表現しようとすると、プレート表面の表面積が広いため、線の高さにそれほど差をつけられない。しかも、プレートの縁はカーブしているため、その狭い箇所に文字を印字することはとても難しかった。

結局、水を入れるときに、目安となる線の入ったクリップを縁に取り付けて、電源を入れる前に取り除いてもらうという仕様にした。クリップなら梱包サイズが大きくなることもない。


社員に試食してもらうなかで、いろんな意見が出た。

そのなかで目立った意見がふたつあった。

ひとつは、「ホットプレートの鉄板を取り外して洗えないのって不便じゃない？」ということ。もうひとつは、「他のものも焼けたほうがいいんじゃない？」だ。

〈焼きペヤングメーカー〉は、鉄板プレートと加熱部分が一体化されていて、プレートを取り外して洗うことができない。そのため、プレートを洗うときには、加熱部分のすき間に水が入り込まないような工夫をしてある。

コンセント部分とコードも一体化しているから、プレートを洗うときにはコードが少し邪魔になる。

ところが、プレートを脱着式にしようとすると、販売価格が1000円もアップしてしまう計算になった。

もうひとつの「いろんなものが焼けるように」というのもそうだ。温度調節の機能をつけようとすると、これもやっぱり1000円ぐらい値段が上がる計算になった。

それにいろんなものが焼けるとなると、最初のコンセプトからブレてしまう。「ペヤングしかつくれません。だから2980円なんです」。そういうわりきった商品のほうが受け入れられるんじゃないかという思いがあった。

ただ、コンセプトはハッキリとあったが、周囲に言われると考えがグラつくこともあった。

「やっぱり外して洗えたほうがええんかな……」

「ホットケーキも焼けたほうがええんかな……」

そう思うこともあったし、実際、葛藤があった。

最後の最後まで悩んだのは、プレートを脱着式にするかどうかだ。

アイデアを思いついた当初から値段は2980円と決めていた。

ペヤング専用のホットプレートだから汎用性《はんようせい》がない。もともとホットプレートをもっていて、追加の1台として買う人も多いだろう。そう考えれば、2000円台に抑えることが大事だと思ったのだ。

最後まで悩んだが、結局、脱着式ではなくプレート一体型にすることにした。

最終的には最初のコンセプトを貫き通すことにしたのだ。

商品を企画するときは、売り値を最初に決めるようにしている。

汎用品ではなく、機能を絞って安く提供する。差別化を図りそこで勝負しないと、大手メーカーには勝てないからだ。

値段が先に決まると、できることは限られてくる。すると、逆にコンセプトも明確になりブレがなくなるのだ。

開発中に20人ぐらいに食べてもらったとき、みんなでなぜおいしくなるのか考えた。たどり着いた答えは、「焼いたほうが、ソースがしみ込むから」だった。焼くことによって麺の表面にソースが浸透しやすくなる。そして、ソースが焼けることによって香ばしさがよりアップするという要素もある。

完成してぼくが感じたのは、「本物の焼きそばを食べているみたいだ」ってこと。袋に入った茹で麺に粉末ソースをかけてつくる焼きそばや、祭りの屋台で食べるような焼きそばの食感である。

「麺の食感でこれほど変わるものなのか！」というのが、新しい発見ではあった。科学的なことはよくわからないが、麺を高火力で茹でることで水分を吸ってしまう前に麺に熱が入り、多孔質《たこうしつ》な麺にソースが入り込んで絡むから味がしっかり入るのだと思う。

お湯を切ってつくるカップ焼きそばとはまた違うものができたという感じである。

中国の工場に改良の指示をしてから次の試作機ができるのに約1か月、でき上がってきたら1週間試して、また改良点を工場に指示する、ということを続けて、4か月ぐらいかけてやっと完成と言えるレベルに到達した。つくった試作機は4号機までできた。

こうして、構想半日、開発期間8か月で、〈焼きペヤングメーカー〉は完成したのだった。

どの商品もそうだと思うが、「だいたいこれで行けるだろう」というところにたどり着いてからが大変だ。

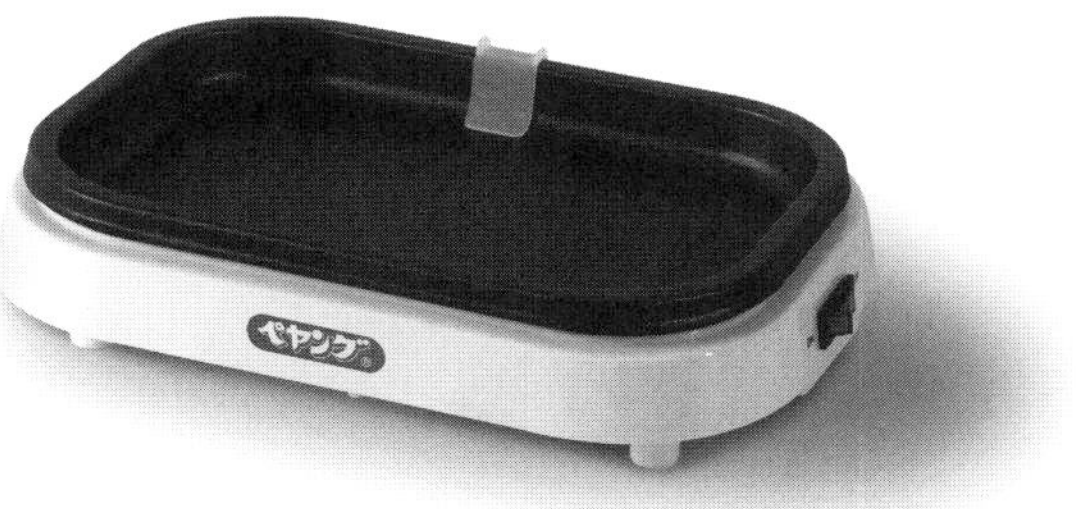

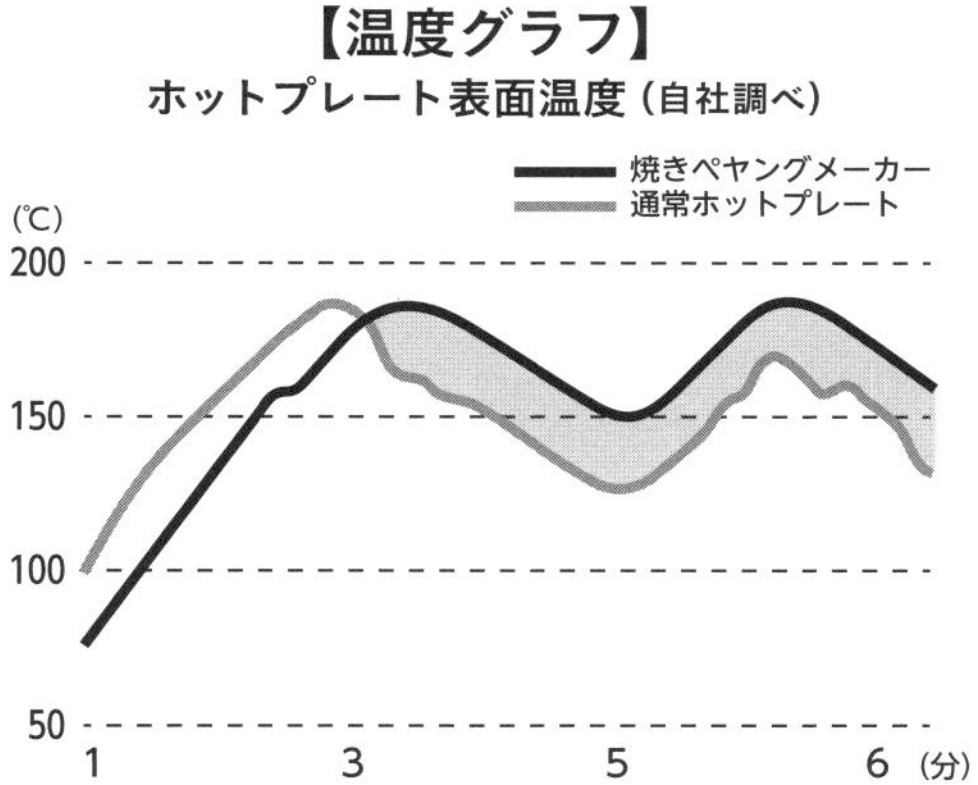

〈焼きペヤングメーカー〉は、プレート表面の温度を通常のホットプレートより高めに設定してある

発売時点が１００%の出来だとすれば、完成度80%のところまでは意外とすんなりとできるものだ。全体の労力の20%ぐらいでできる。ところが、完成度で残りの20%を詰めるのに多大なエネルギーを使った。

そんなことを経験できたことは、その後のライソンの未来にとって、とても大きな出来事だった。

第２話
ペヤンガーたちを満足させる

〈焼きペヤングメーカー〉を発案してから、すぐにペヤングの発売元である、まるか食品に許可をいただくことにした。

ちょうどタイミングよく、丸橋嘉一《まるはしよしかず》社長がすでに取引のあったグループ会社のヨシナへ年末年始の挨拶に来られるとの情報を得た。社員にＡ４用紙の企画書１枚を託して渡してもらうことにした。

びくびくして社員の帰りを待った。

社員は開口一番、「**いいよ、ですって**」。

正直、拍子抜けしてしまった。実はすでに以前から取引があったため、話は通じるだろうなとは思っていたが、ここまであっさりＯＫをいただけるとは思わなかった。

丸橋社長は大変な企画マンとして有名だ。

「激辛ＭＡＸ ＥＮＤ」や「にんにくＭＡＸ」といった常識を覆すようなペヤングの企画商品を出せるのも、社長がチャレンジ精神旺盛だかららしい。息子の克《よし》守《もり》さんもユーチューブにいろんなペヤングの味を試している動画をアップし、親子二人三脚で商品開発をしているアグレッシブな企業だ。

まるか食品には、基本的にペヤングから派生した商品しかない。まるか食品のペヤングに対する思い入れは、他社が自社商品にもつ思い入れとは異次元のものがある。ひとつのことを突き詰める見本みたいな企業だ。

ところで、なぜ日清焼そばＵ.Ｆ.Ｏ.ではなく、ペヤングだったのか。

プロジェクトを走らせはじめた当初、「なんでペヤングなんですか、Ｕ.Ｆ.Ｏ.でやらないんですか？」という声が社内には根強かった。

ペヤングを選んだ理由のひとつは、すでに取引があったこと。日清とも取引はあったが、まるか食品のほうが反応は早いことがわかっていた。日清だと稟議が社内を通過するまで時間がかかるだろうし、いろいろとブランドの制約も多いだろうなという予想もあった。

それにU.F.O.で実際につくってみたら味が濃くなりすぎてしまった。ソースが強すぎるのか、焼くには適さないようだった。それはそうだ。U.F.O.はそもそも焼くのを想定していないのだから（ペヤングもそうなのだが）。

ペヤングの場合、ソースの塩味は少し弱め。そのかわりスパイスが効いている。それが病みつきになるうまさを引き出している。

弱めの塩味が、焼いたときには少し強調されてちょうどよくなるからペヤングのほうが適していたというわけだ。

そしてペヤングを選んだ最大の理由は、U.F.O.にはいない「ペヤンガー」といわれるコアなファンがいたことだ。

確かに、大阪ではペヤングよりU.F.O.のほうがよく食べられているが、U.F.O.が好きな人より、ペヤングが好きな人のほうが思い入れは強い。情熱が違うのだ。

というのも、うちの社員に埼玉北部出身の熱烈なペヤンガーがいた。よく言われるように、「埼玉北部はほぼ群馬」らしく、彼はまるか食品にシンパシーを感じて、熱心なペヤンガーになっていた。

彼に言わせると、「ペヤング以外のカップ焼きそばは認めない」のだそうだ（笑）。そういうコアなファンに向けて満足してもらえるようにつくれば、必ず反応してくれるはずだという思いがあった。

社長にA４用紙１枚の企画書を渡してから数日後、まるか食品から電話がかかってきた。

「これはどういうこと？　詳しく話を聞きたい」

思い切ったことをするまるか食品でも、このときは少しナーバスになっていた。というのも、以前に他の会社の雑貨に「ペヤング」のブランドの使用を許可したところ、トラブルがあったかららしい。

改めて企画の内容を詳細に説明したところ、ＯＫをいただくことができた。

周囲の人に食べてもらうなかで、開発に携わったぼくら3人はどんどん自信を深めていった。会社全体としては、「こんな商品が売れるのか」という疑問が最後の最後まであった。おそらく、ぼくら3人以外は誰ひとりとして売れるとは思っていなかった。

それは社外の取引先でも同じだった。

発売間近になって大手ディスカウントストアや大手雑貨店に営業に行っても、買って（注文して）いただけなかった。

「こんなの売れるわけない」「何考えてんねん」などと、けなされることはなかったものの、興味をもってもらえなかったのはつらかった。

「こんなものが売れるの？」

「うちじゃあ、ちょっとわからないなあ」

「へー、そうなんやあ」

そんな反応ばかり。

〈焼きペヤングメーカー〉は商品としてニッチすぎるし、今までにないコンセプトを打ち出した商品だったから、バイヤーさんとしても難しかったに違いない。

そこで思いついたのが、クラウドファンディングだった。

クラウドファンディングを活用せよ

クラウドファンディングの募集には、READYFOR（レディフォー）というクラファンサイトを使うことにした。

当初の目標は50万円だった。

クラウドファンディングとは、ウェブ上で「こんな商品をつくりたいと思っています。○人の人が買うと言ってくれたらつくります」と開発のための支援金を募ることができるサービスだ。

アメリカでは「Kickstarter」や「INDIEGOGO」など有名

なクラウドファンディングサイトがあり、いち消費者として未来を感じさせるようなワクワクする商品がたくさん掲載されていた。

クラウドファンディングは形としては寄付だが、寄付をしてくれた人にはできた商品を送る。つまり、寄付をする人から見れば、商品を購入するようなものだ。

クラウドファンディングの種類によっては、寄付するときに「100人までは3000円、200人までは3500円」と価格が設定されていて、早く寄付するほどその商品を安く買えるようになっているものもある。新しい商品を安く手に入れたい人は、競って寄付をするようになるわけだ。

〝焼きペヤング〟のときは、最初の1000台分は2480円と限定のお箸をつけ、それ以降はお箸をつけずに同じ値段とした。

クラウドファンディングに出品すると、お客さんからすぐに反応があった。

クラウドファンディングで寄付の人数が増えたり、応援コメントがつくようになっていくと、家電量販店やディスカウントストアへの営業もしやすくなった。

「クラウドファンディングでこんなに売れているんですよ。こんなコメントが寄せられているんですよ」などと営業トークができるからだ。今までとはまったく説得力が違う。

ちょっと話題になると、雑誌やテレビから取材が来るようになって、それを見たドン・キホーテなどのディスカウントストアからも注文が入るようになった。するとまた話題になって、さらに取材が来るようになった。売れる⬇取材される⬇話題になる⬇注文来る⬇売れる⬇取材されるという好循環になっていった。

「見てみぃ、売れたやろ！」と内心、誇らしい気持ちがあったが、実際はそういう気持ちは忙しさのなかでかき消されていった。

ネットショップやディスカウントストアなど商品を納品する順番をどうするのか。注文が殺到してどこに先に出すのかということを考えないといけない。取材依頼もどんどん来る。

どうする？どうする？とバタバタが続いた。

結局、クラウドファンディングでは当初の目標50万円に対して、1701人が応募してくれて、なんと517万8680円も集まった。

初回3000台つくったが、クラウドファンディングで1701台売れているので、すぐに売り切れて増産となった。

2019年2月下旬に、一般販売に先駆けてクラウドファンディングで購入してくれたお客さんたちに、順次発送していった。

世の中で求められている商品をつくっている会社ということで、**「ライソンってていい会社やん」**みたいことも外から言われるようになった。そんなことはこれまでなかったことだったから、本当に嬉しかった。

第3話

誰を喜ばせたいのか心底考えろ

クラウドファンディングのお客さんたちに発送するやいなや、ＳＮＳには瞬く間に〈焼きペヤングメーカー〉の投稿や写真がどんどんアップされるようになっていった。

驚いたのは、藤原ヒロシさんのインスタグラムに載っていたのを見たときだ。藤原ヒロシさんはファッション業界では有名な人で、「裏原（裏原宿）」の生みの親みたいな人だ。ぼくは裏原ファッションが好きで、そういう系統の服をよく購入していたし、彼が発信することを参考にしていて、雲の上のような存在だった。

２０１９年2月27日の彼のインスタグラムに〈焼きペヤングメーカー〉の写真が投稿されていて、「さて!・」とだけ書かれてあった。クラウドファンディングに応募してくれたのかもしれない。そんな人が手に入れてくれるとは夢にも思っていなかったから、ぼくにとっては感動的な出来事だった。

このころ、SNSで話題になったことで、オークションサイトでは〈焼きペヤングメーカー〉は2万円のプレミア価格で売られていた。話題にはなっているのに、まだ市場にはなかったからだ。

少ししてタレントの菊地亜美さんもインスタで紹介してくれた。

自宅で友人らを招いたパーティーで盛り上がったことが書かれてあった。

このときはすぐにヨドバシカメラから注文が来た。そのあと500台ぐらい売れた。

「やっぱり芸能人って影響力あるんだな」と思った記憶がある。

その後、売上が落ち着いていた2020年1月にTBS系「マツコの知らない世界」で取り上げられたことで、また注目された。

家電ライターの方が番組でほったらかしグルメ家電の枠で紹介してくれたのだ。

特大サイズのたこ焼きがつくれる〈ギガたこ焼き器〉

マツコ・デラックスさんはペヤングのCMキャラクターをやっていたこともあって、おいしいと褒めてくれた。その番組後に3000台ほど一気に注文が入った。

売れ筋商品ができると、なぜかうちの他の商品も売れ出した。アメ村（アメリカ村）や原宿で売っているようなわたあめがつくれる〈ジャンボわたあめ屋さん〉や、直径10センチのたこ焼きがつくれる〈ギガたこ焼き器〉、各種のホットサンドメーカーも売れるようになった。ディスカウントショップのドン・キホーテでは、これらの家電を並べてパーティー家電コーナーを設置し、販売してくれたりするようになった。

〈焼きペヤングメーカー〉はなぜ売れたか

〈焼きペヤングメーカー〉が受け入れられたのはなぜか。

理由はいくつかあるのだろう。

ひとつは、「あえて手をかける楽しさ」だ。

カップ焼きそばというものは、お湯を注ぎ、湯切りして、ソースをかけられる手軽さで選ばれている。「ラクしたいからカップ焼きそば」なのだ。

そこを逆行して、手間をかける楽しさがある。

ぼくらは5ccずつ水を変えながら、一番おいしく焼ける分量を探していったが、買った人が実際につくるときには、自分なりに水の分量を変えながらつくり、自分好みの分量を見つけるという楽しみ方もできるだろう。

また、**「ペヤングしかつくれない」**というのも理由のひとつだと思う。

しかし、実際は、ホットケーキを焼いた人もいたようだ。

あるとき、アフターサービスの担当にお客さんから電話があった。

電話の主は30、40代の男性だった。

「ホットケーキを焼いたけど、うまく焼けなかった。どうしたらうまく焼けるか」

というのだ。

「ホットケーキが焼けるとは書いてない」と説明して、**「あくまでもペヤングをつくる専用機なので」**ということで納得してもらった。〈焼きペヤングメーカー〉は、一般的な温度調節機能のないホットプレートより温度が高めに維持されるようにできているため、ホットケーキの中身に火が通る前に表面が焦げてしまうのだ。

いろいろなものが焼ける商品ではないから、普段使いするものではない。菊地亜美さんたちのようにパーティーで使ったり、家族でワイワイ言いながらつくって食べられるのがよかったのではないか。

そして、最大の理由はやっぱりペヤンガーに向けた商品だったということだと思う。

開発時、ぼくたちの〈焼きペヤングメーカー〉は一般的な大多数の人に受け入れられるとは思っていなかったし、その必要もないと思っていた。けれど、ペヤンガーと呼ばれるファンには売れるだろう、そういう人たちを裏切らないようにしよう、満足させなければ、その一心だった。

思っていたとおり、東日本での売れゆきが好調だった。西日本との差はハッキリ出た。やはり関東人のペヤング愛はすごいのだということを再認識させられた。

一般的に、商品企画ではよく「自分が欲しいと思うものを考えればいいんだ」みたいなことを言われることがある。確かに着想の時点ではそれでもいいのだが、その先には必ず実際にお金を払って買う人のことを考えないといけない。自分で思いついたアイデアはかわいいからどうしたってひいき目で見てしまう。すると、本当にその商品が価格に見合った、お客さんが満足できるものなのかどうか客観的な判定ができなくなってしまう。

だから、自分たちが欲しいと思えるものをつくるのと同時に、実際にお金を払って買う人のことを、心底考えなければいけないと思っている。社員にも「お金を払って買う人のことだけを考えて」といつも言っている。

大切なことは、誰に喜んでほしいかというのを考えることだと、ぼくは〈焼きペヤングメーカー〉で学んだ気がする。〈焼きペヤングメーカー〉のときはそれがしっかりあった。

誰にも気に入られるようなものをつくろうとすると、特徴がなくなって誰の心にも響かない商品ができ上がってしまう。買ってくれる人数は少ないかもしれないし、100人にひとりかもしれないが、その商品を喜んでくれる人をイメージし、その人たちを絶対に満足させるものをつくる。そうやってつくったもののなかから、たまたまヒットする商品も出てくる。

商品の企画会議で全員が欲しいと思った商品だからといって、売れるわけではないのだ。それに誰もがすぐにイメージできて、わかりやすい商品はもう別の誰かが思いついているものだ。

これまでに〈焼きペヤングメーカー〉だけでも取材依頼は30、40件ほどあった。テレビラジオ、雑誌、ネットニュースの類からだ。

年間3000台売れればいいと思っていたのに2020年夏現在で3万台売れている。売れるとは思っていたが、これほどまでとは思わなかった。自分たちの実力というより、ペヤング人気はすごいなと思うばかりだ。

〈焼きペヤングメーカー〉の成功を経験したことで、ぼくらはここから本格的に自分たちで商品をつくっていこうという機運がぐっと高まったように思う。

自分たちでつくって、クラウドファンディングでアピールしていったら、売れるんじゃないかという〈勝利の方程式〉みたいなものが見えたような気がした。

第2章

「売る」の神髄をつかめ

第4話
不遇の営業職時代

　ぼくは1981年、鳥取県で生まれた。といっても、母が実家で里帰り出産しただけで、母は生まれたばかりのぼくを連れてすぐに父と暮らしていた大阪に戻った。それからはずっと大阪育ち。3人兄弟の長男であるぼくは公立校で高校まで過ごし、大学は同志社の文学部文化学科で美学を専攻した。

　就職活動のとき、志望したのは博物館学芸員だ。なぜ博物館だったのかというと、叔母の影響があったのかなと思う。叔母は航空会社に勤めていて、海外の博物館めぐりが趣味だった。ぼくは中学生のころ、その趣味に何度か連れて行ってもらった。

　そういう楽しい思い出があったこともあって、博物館で働けたらいいなと思ったのだが、就職活動をしていくうちに、博物館学芸員というのはめちゃくちゃ狭き門であることがわかった。募集人員が極端に少ないうえに志望する人がとても多い。いくつか面接を受けてみたが、まったくひっかかりもしなかった。

志望先をテレビ局に広げ、それも難しいと感じてからはエンタメ業界全体に間口を広げて受けることにした。そんななか、おもちゃメーカー、ゲームセンターという分野にも就職活動を広げていくと、「ピーナッツ・クラブ」という会社が目に留まった。所在地が大阪だし、転勤もなさそうだった。

実は、就職先は地元大阪から通える会社という条件を自分で設けていた。というのも、当時、インストゥルメンタル（歌のない楽曲）のバンドをやっていた。担当楽器はコントラバスで、オリジナルのジャズなどを演奏していた。そのバンド活動を仲間と一緒に続けていくためには、地元を離れられないなという思いがあった。今から考えれば、安易な思考だったと思う。

株式会社ピーナッツ・クラブは、ゲームセンターにあるクレーンゲームの景品を扱う会社だった。おもちゃやゲームセンター業界がおもしろそうだったから、受けてみたら内定を得ることができた。

入社したのが２００４年の４月１日のこと。東大阪の事務所に出社すると、人事部長が手招きする。

「はい、なんでしょうか？」

「君な、ピーナッツ・クラブか、ルイスヴァージジャパンか、どっち行きたい？」

ルイスヴァージジャパンはピーナッツ・クラブのグループ会社だ。

「え、あ、はあ、ピーナッツ・クラブです」

「ピーナッツ・クラブか、でもな、もうそっちは埋まっててんねん。ルイスヴァージジャパンに行ってくれるか！」

「行ってくれるか？」ではない、**「行ってくれるか！」**なのだ。

「なんやそれ、はじめから決まってたんやないか……」

ぼくはそう心のなかで呟《つぶや》いた。

後で聞いた話だが、同期入社の中でぼくが最低評価だったため、ルイスヴァージジャパンに行くことになったらしい。

採用されたのはピーナッツ・クラブだったが、別会社に移籍させるのはアリなのか。

阪神タイガースに入ったと思っていたのに、オリックス・バファローズに移籍させられたようなものだ。今の時代なら訴えられても仕方ないだろう（笑）。

そんなこんなで入社2日目で転籍となったぼくだが、ルイスヴァージジャパンもピーナッツ・クラブと同じ八戸ノ里《やえのさと》駅を最寄りとして駅を挟んだごく近い場所にオフィスがあって、ありていに言えば別事業部みたいなものだったから、まあいいかと思いはじめた。

会社としてはもちろんピーナッツ・クラブより小さいが、事業内容を見てみても、ピーナッツ・クラブと同じようにゲームセンター向けに景品を売る仕事だったから、大差はなかった。

売れない日々

ルイスヴァージジャパンはピーナッツ・クラブの子会社という位置づけで、社長は同じ人物が務めていた。

ピーナッツ・クラブの前身は吉名電工というスピーカー部品の金型《かながた》を製造する鉄工所から始まって、日本の電機メーカーが製造拠点を中国に移していくという厳しい時代の変化とともに、プールバーやディスカウントストアの経営などに業種を転換し、現在の輸入販売を行う企業へと変貌を遂げていった。

今ではピーナッツ・クラブホールディングスという持ち株会社を設立して、ピーナッツ・クラブ以下、4つの会社を傘下にもっている。

ルイスヴァージジャパンは当時の社内起業制度で常務が化粧品を売りたいといってつくった会社だったのだが、時代の流れでピーナッツ・クラブと同じようにゲームセンター向けの景品を扱うようになっていた。

キャラクターの雑貨、ぬいぐるみ、キーホルダー、ランチボックスなどの雑貨や、お菓子などだ。

これらの商品を仕入部が中国や国内メーカーから買い付けてきて、国内のゲームセンターに売る。

クレーンゲームメーカーは、景品は売らずに機械だけを売る。クレーンゲームの中身はゲームセンターを運営する会社が揃えるのだ。


ゲームセンター会社といえば、有名どころではセガやタイトーなどで、店舗数は国内に約４０００ほどある。ゲームセンターの店長やバイヤーが景品を業者から買う。ゲームセンターに営業をかけていくのが、ぼくの社会人としての最初の仕事だった。

分厚い電話帳を渡され、掲載されているゲームセンターに「うちの商品を買ってくれませんか?」と営業電話をかけていく。

ところが、まったく売れなかった。

「間に合ってます」

「そんなんいらん！」

「もうかけてくんな」

飛び込み営業をやったことのある人なら一度は浴びせられたことがあるはずの言葉を、ぼくもしっかり受けていった。気持ちはだんだんとネガティブになっていった。

どんどん気持ちがふさぎ込んでいくなかで転機が訪れた。

まったく営業で成果が出ないぼくを見かねて、仕入れ担当に移るようにと会社の上層部から言い渡されたのだ。

仕入れとは、国内のさまざまなおもちゃ、雑貨メーカーからクレーンゲームの景品となる品を買い付ける仕事だ。

それまではお客さんであるゲームセンターにものを売り込む立場。今度は自分が商品を買う立場。真逆の立場になったわけだった。

仕入れになって、自分が欲しいと思えないものも売り込まれることがあった。商売上手な人もいて、つい買ってしまったこともある。商品がよくて買うこともあれば、人によって買わないこともあった。騙しに来る人もいるし、商品知識をもっていない人に高く売る営業マンもいた。

たとえば、子どもに人気のキャラクターのおもちゃとか、賞味期限がちょっと短くなった特価のお菓子などの商品を、会社のバイヤーとして買い、それをゲームセンターや玩具店など別の誰かに売って利益を得る。

あるメーカーの人が営業をかけてきて「もともと一個3000円で卸していた商品がなんと今なら600円で買えるよ」というのでバイクのラジコンを買ったことがあった。それをゲームセンターに売りに行くと「他の会社が500円で売りに来てるで?」と言われることがあった。

当時はインターネットがそれほど充実していなかったから、商品の元の値段や相場などがわからない。それをいいことに高く買わされてしまったわけだ。

こっちは社会人になりたての1年目、相手はこの世界で何年も食べてきている百戦錬磨《ひゃくせんれんま》のおっちゃんたち。新米のぼくが太刀打ちできるわけがなかった。

そうこうしていると、当時、ピーナッツ・クラブで国内仕入部の仕入れ担当者が急遽辞めることになり、空席になったピーナッツ・クラブの国内仕入部に、ぼくが後釜として入ることになった。ピーナッツ・クラブに戻ってきた形だ。2005年7月のことだった。

入社してから1年と数か月。結果が出せずにいたので、このころまでは会社を辞めたくてしかたなかった。

第5話 発想の転換で大ヒット

ピーナッツ・クラブに移ってからも仕入れの仕事の内容はそれほど変わらなかった。

このころの出来事で思い出したくない事件がひとつある。

プラスチック容器に本物のサボテンが入ったキーホルダーを購入したときのことだ。

仕入部は、外部の業者さんから多くの売り込みがある。そんな業者のひとつから商品の説明を受けた。営業部にゲームセンターに営業をかけてもらったら、すでに以前から取引のあったお客さんから購入したいという声が上がったので、500万円ぶん90000個購入した。

当時のぼくの立場で扱う金額として確かに大きかったけれど、売り先がすでに決まっていたから気はラクだった。

商品は仕入先から納品先へ直接納品されることになっていた。

納品の日、電話がかかってきた。


「これ、カビはえてんねんけど」


寝耳に水だった。送ってもらった写真を見たら確かにサボテンの表面に黒いカビがびっしりはえていた。

すべて返品になってしまった。

うちも仕入先から購入代金を返金してもらおうとしたのだが、連絡先の電話番号に何度かけてもつながらない。逃げられてしまったのだ。

結局、ぼくらは購入代金の500万円を1円も回収することができなかった。

キーホルダーは捨てるしかないから、500万円は全額損金になってしまった。

商品のキーホルダーはもともと海外から来たもので、ぼくらは国内の問屋から購入していた。輸送の途中にカビが生えたのかもしれない。もともとカビが生えていたのかもしれず、その問屋も騙されているかもしれないが、とにかく損害を被ったのはうちの会社だけだった。

もちろん会社の上層部からはしっかり怒られた。

それからは、「命あるものは扱わない」と固く心に誓ったのだった。

みんなが欲しがるものは営業しなくても売れる

仕入れをはじめて2年弱の月日が経った頃、当時の社長の吉名さん（現会長）の辞令が出た。

ゲームセンター以外にも商品を売れ、販路を広げろというのである。

そこで2006年4月にピーナッツ・クラブのなかに特販事業部が立ち上げられることになり、ぼくを含めて3人で立ち上げを行うことになった。

ぼくはしばらく国内仕入部と特販事業部の仕事を兼務することになった。

ゲームセンター以外の販路として最初に取り掛かったのが、パチンコ店だった。パチンコの景品となるようなものを、これまで自社で取り扱った商品のなかから売っていけ、というのだ。

だが、例によってまったく売れない。

そこでぼくは裏技に打って出ることにした。

当時、ニンテンドーＤＳＬｉｔｅが流行っていて、あまりの品薄で店頭販売されてもすぐに売り切れる状態だった。パチンコ店ルートや景品流通ルートでニンテンドーＤＳＬｉｔｅを探しているバイヤーが多いことがわかった。そこでぼくはおもちゃ屋さんに入荷当日に並んで買いにいくことにした。

一人一台しか購入できないから、会社の後輩にも声をかけて3、4人で買いにいった。そうして手に入れたニンテンドーＤＳＬｉｔｅをパチンコ店に売った。パチンコ店の他にもネットショップからも買ってもらったりした。

いくら品薄といってもそれほど高価な値段では売れない。定価で買って配送料だけ上乗せして売ったと思う。それだけぼくらは必死だった。

朝から並んで利益がゼロではまったく見合わない。けれども、そのおかげでパチンコ店やネットショップとの間で新規取引をすることができた。


こうして取引実績ができることが大事なのだ。名の知られていない相手とは、危なくてビジネスしたいと思わないものだ。現にぼくは飛込み営業をしたり、電話営業をしたりしても相手にされないということをたくさん経験していた。

それに仕入れを担当した経験や、サボテンのキーホルダーで失敗した経験から、取引実績のある相手との仕事がどれだけ安心感があるかも実感済みだった。

どんなに小さな金額でもすでに取引実績のある相手となると、格段にハードルは下がる。とにかく取引のきっかけをつかむまでが大変なのだ。

そのためにニンテンドーＤＳＬｉｔｅは格好のツールだったわけだ。

これをきっかけにいくつものパチンコ店、ネットショップと取引ができるようになった。

「みんなが欲しいものは、営業しなくても買ってもらえるのだ」ということが、他の人がつくった商品だったけど、わかった。

当たり前のようなことだけど、それまでのぼくにはこのことが腹の底から理解できていなかった。

ところが、ニンテンドーＤＳＬｉｔｅの時代は長くは続かなかった。

ＤＳ自体をたくさん手に入れて売ることはできないし、だんだんユーザーに行き渡って売れなくなっていった。

そして、営業先をパチンコ店から完全にネットショップに移行していった。

ただし、売る商品はおもちゃではなく、少し家電っぽくなっていった。そのころよく売れたのがデジカメとＭＰ３プレイヤー（携帯音楽プレイヤー）だった。

当時、携帯電話についていたカメラでさえ１００万画素ぐらいのときに、10万画素のデジカメを格安で販売したら飛ぶように売れた。

そのころｉＰｏｄも流行していて、見た目が似ているＭＰ３プレイヤーを中国から買い付けてきてネットショップに売ったりもした。このMP3プレイヤーも市場価格から比べて相当安くして販売したらよく売れた。見た目が似ているだけでヤフオクでも1万円で売れるぐらいiPod人気はすさまじかった。

それから少しして、今度は自走式掃除ロボット、ルンバが流行した。これも似た商品を中国から探してきて売った。もちろん、クレーンゲームの景品だ。

機能的にも対象物にぶつかったら方向を変えるぐらいのものでしかなかったが、遠目に見たら（笑）似ていたので、そこそこ売れた。

なぜどれもが市場価格より安く売れるかというと、安くつくってくれる中国の工場との取引がたくさんあったからだ。

最初、デジカメやMP3などを売ろうとインターネットショップなどに営業をかけたときに、ほとんどのお客さんに驚かれた。

「ほんとうにこんな価格なの？」「中古じゃないの？」というのだ。ゲームセンターに卸すときにはこの価格が当たり前だったので、ぼくは逆に驚いた。

業界が違えば、「妥当な価格」が違うのだということを、ぼくはここで学んだ。

なぜインターネットショップに安く卸すことができたかというと、クレーンゲームの景品を格安でゲームセンターに卸してきた経験があったからだ。

ゲームセンターへの景品の卸価格は法律で上限が決められている。風俗営業などの規制及び業務の適正化などに関する法律などの「解釈運用基準」というものや、業界団体のＡＯＵ（一般社団法人全日本アミューズメント施設営業所協会連合会）が善良の風俗の保持と少年の健全育成に障害を及ぼす行為を防止するために、クレーンゲームの景品とする物品の価格や内容を定めた基準がある。

クレーンゲームの景品企画会社は、ピーナッツ・クラブ以外にもたくさんあるから、その競争に勝つために定められた価格のなかで死にものぐるいで商品企画やコスト削減を行ってきた経験があった。

その結果、コストを下げるために商品の機能を絞ることを当たり前に行っていた。デジカメなら望遠機能がついていないとか、撮影した画像を確認するディスプレイがないとか記録メディアを入れるスロットがないとか。ＭＰ３プレイヤーなら内蔵メモリがないとか、シャッフル機能がないといったことだ。

この「機能を絞る」という発想は、〈焼きペヤングメーカー〉のときに「温度調節ができなくてもいい」「プレートがはずせなくてもいい」という仕様にするときに役立った。ぼくらがクレーンゲームの景品を扱ってきたからこそ生まれた発想だったのかもしれない。

中国は世界中から、こんな商品をつくって欲しいという依頼が舞い込む国だ。ほとんどの会社がそうだと思うが、今売れているトレンド品を追いかけた新商品をつくる。たとえば、iPodが流行ったらいろいろなMP3プレーヤーがつくられ、コンパクトデジタルカメラの人気が出たら、似たようなカメラがたくさん発売される。ぼくらはそうしたトレンド商品の機能を絞って、クレーンゲームに販売できる価格までコストを抑えて中国工場につくってもらう。

そういったゲームセンターに景品を卸す会社のなかでは、トレンド商品の貿易能力は日本で一番高かったのではないかと思う。

ただ、このころはとにかく売れるものを中国から買ってきて売ろうという発想のみで動いていた。当時は本当に「儲かりさえすればいい」という思いだった。

クレーンゲーム向けお菓子が大ヒット

特販事業部を立ち上げて2年ほど経って、また吉名社長の辞令が出た。

今度は**「食品を売りなさい」**というのだ。

ただ、今度ばかりは勝手が違う。ピーナッツ・クラブ内に部署をつくるのではなく、別の会社で営業部をつくれと言われた。

株式会社ヨシナはもともと貿易会社として存在しており、その会社に新たに食品の営業部をつくることになった。

ヨシナの営業部は食品、とくにお菓子を専門としてゲームセンターに販売することにした。売り先はやはりゲームセンターだった。このころはクレーンゲームの景品としてお菓子が入れられるようになっていた。

ぼくらがやったことはこうだ。

まずポテトチップスの袋がふたつぐらい入る缶を中国でつくり、市販のポテトチップスをそれに詰めてゲームセンターに売る。

たとえば、カルビーのピザポテトの缶なら2袋入って、しかもピザポテトのデザインの缶に入るので、ゲームセンターの仕入値はスーパーで買うより割高になってしまう。しかし、缶に入れることによって一般的にスーパーで買うことができない商品になる。

普通の小売店では買えない容器に入れることによって、ゲームセンターでしか手に入れることができない付加価値をもった商品につくり変えたのだ。

ゲームセンターを訪れた人は、大きな缶や箱に入っているだけで、物珍しさでクレーンゲームをやってみたくなる。スーパーやコンビニで売ってないものが手に入るという心理をくすぐる効果がある。遊園地やテーマパークで販売されているお菓子のように、ちょっと高価だが、そこでしか買えなかったり、容器としてのコレクション性を高めて、ゲームセンターに来るお客さんをワクワクさせることができる。

勝手にお菓子メーカーの商品を利用することは許されないから、メーカーごとに許可を得る必要があった。最初はお菓子メーカーを口説き落とすのに苦労した。彼らは自社の商品に思い入れをもっているし、得体の知れないパッケージに入れられると商品イメージが壊れると警戒心を抱くのは当然のことだ。

だが、粘り強く交渉していくことで、道は開けていった。

最初に契約を交わすことができたのは、ヤガイのカルパス（セミドライのソーセージ）だった。これを缶に詰めて売った。次に扇屋食品の「チーズおやつ」を箱に詰めて売った。

第1号ができると、そこからは速かった。前例ができると格段に売り込みやすくなるのが日本の企業の特徴だ。パッケージされたものを写真で見せられるようになると、お菓子メーカーもイメージしやすくなる。

彼らを口説き落とすポイントは、お菓子メーカーのメリットを強調し、手間がかからないことをわかってもらうことだ。

たとえば、こういう具合だ。

「御社がやることは、うちに許可を出していただくことと、うちがパッケージの見本を提出するので、色味をチェックしていただくことです。あとは商品を送ってもらえれば、うちが箱詰めしてゲーセンに売りまくります」

相手にいかに手間がかからないかを説明することだ。

あとは仕入れの数は遠慮しないで言っておく。１年間に○万個買いますよ、と。そこら辺のスーパーよりだんぜん多いので、「それだけ売ってくれるなら」とメーカーもＯＫを出しやすくなる。

商品は、メーカーからスーパーと同様に通常の販売ルートで卸してもらう。メーカーにとっては販路が増えるだけのことで、大した手間はない。悪い話ではない。そう説明すると、どんどん契約が取れていった。

契約はグリコ、森永、不二家、明治、カルビーのほかにも湖池屋、カバヤなど含め、50以上のブランドに広がっていった。

この商品がめちゃくちゃ当たった。

ゼロからはじめて累計で１００万個も売るまでの商品もつくることができた。

これをやったことで全国のお菓子メーカーの人たちと話ができるようになった。

メーカーは商品を大事にしたいと思っているから、景品として遊びのネタになることに対する抵抗感は当然あったと思う。会社によっては何回も断られた。

メーカーの人たちからはバカにされるようなことはなかったが、相手にされなかったり、話を聞いてもらえないことが多かった。商談のテーブルにつくのにとても時間がかかることもあった。

交渉するとき、その会社の売上が悪いと企画が通りやすくなることも学んだ。売上が落ち込んでくると、(その会社で働く社員は)新しい販路や売上をつくれと会社から言われるので、チャレンジングな企画に対して聞く耳をもとうと思ってくれるのかもしれない。お願いするにはタイミングがあるのだ。

ずっと声をかけ続けているが、話が全然前に進まない某大手ファストフードチェーンみたいなところもある。

電話をすると「企画書を送っておいて」と言われて郵送するのだが、そこから反応がない。さまざまな企画がもち込まれるはずだからそういう対応になるのは当然だ。

しかし、大事なのは諦めずにそれをやり続けることで、担当者が変わったときとか、紹介してもらえる人脈が出てきたときに、誰かを捕まえることができる時期が来る。

なぜこれらの商品が売れたかというと、入っているものはよく見たことがある商品なのに、見たことのない姿をしているアイキャッチがあったというのが一番の理由だと思う。

「こんなのあるんだ！」みたいな驚き。

お菓子が入っていた缶は食べ終わったら、ゴミ箱やストッカーとしても使えるし、それぞれのお菓子のファンにとっては収集癖をくすぐられるものなのだ。

見た目を変えること。サイズを大きくすれば、それだけ人間の目には魅力的に映る。大きいものは高価なものと自然に感じる。そんな心理をくすぐったのがよかったのだと思う。

味をしめたぼくらはさらに、これをカップ麺にも転用して売るようになった。日清、東洋水産、サンヨー食品、明星食品といったインスタントラーメンメーカーと契約を交わし、パッケージングした商品をゲームセンターに卸していった。もちろん、まるか食品のペヤングにも食指を伸ばしていった。

ペヤングは当時、レギュラーサイズの麺がふたつ入った「超大盛」が登場していた。超大盛をふたつ詰めたパッケージをつくってゲームセンターに売ることにした。

超大盛が2個、合計で4玉ぶんの麺になる。価格としては500円以上になるだろう。これがクレーンゲームで100円でゲットできたら、確かにお得ではある。

「もしかしたら100円であんな大きなものが獲れるかも」と思う。

しかし、100円では獲れないから積み重なって1000円ぐらい使ってしまう。「500円で止めたらそこで500円の赤字が確定してしまうが、600円目をつぎ込んだら、次はもしかしたら獲れるかも」と考え、ついまた100円を入れたくなる。

パチンコ・パチスロをやる人も株をやる人も心理は同じだ。そこで止めてしまえば、損金を確定できる。けれど、どうしても損を取り返したくなるからやめられなくなる。そういうギャンブルの要素が入っているのがクレーンゲームだ。通常の消費行動とは違う購買プロセスが生まれるわけだ。

もちろん、ゲームをやる楽しさもあるから、失敗したけど、ワクワクドキドキがあったからいいかと感じて、次もまた来たくなる。

そもそもそうした要素があるクレーンゲームと、「お菓子や食品に、新たな付加価値をつけて新しい商品を生み出す」ということがぴったりマッチしたため、お菓子や食品の景品はとてもよく売れた。

この新しい営業部の売上は、売上ゼロから4年で7億円にまで成長した。

第6話

海千山千のおっちゃんたちから教わったこと

ピーナッツ・クラブやヨシナでは、のちのビジネスにつながるいくつかの教訓を得ることができた。

まず、ビジネスは誰に何を売るかで、まったくやり方が変わってくるのだということがわかった。

ゲームセンターへ卸す玩具などは基本的に1回輸入したら終わりだが、同じ景品でも食品の場合は1回売り出せば1、2年とずっと販売し続けることができる。どこに売るのか、売った先でお客さんがどのように手に取るのか、商品カテゴリによっても商品寿命がまったく違う。そこがおもしろかったし、勉強になった。ここがわかっていて初めて、効果的な商品を送り出すことができ、効率的な売り方ができるのだ。

それに、自分の会社が先方からどのように見えるかでも、仕事のやりやすさが違ってくることも感じた。

グループ内ではあるが、ぼくはルイスヴァージジャパン、ピーナッツ・クラブとヨシナの3社で営業を経験してきた。

あるアミューズメント施設を運営する会社に営業に行ったことがあった。

その会社のバイヤーさんは、ピーナッツ・クラブとして行ったときは、ぬいぐるみは買ってくれたけど、お菓子は買ってくれなかった。ヨシナとして行ったときは、お菓子は買ってくれたけど、ぬいぐるみは買ってくれなかった。

ぼくの営業力のなさも原因だが、ピーナッツ・クラブは長年ぬいぐるみをはじめとして景品全般に強い会社として、ヨシナはお菓子の専門商社としてお客さんに認知されていたからだと思う。

つまり、お客さんはそれぞれの仕入先に期待することが違うということがわかった。

専門商社からは買うが、総合商社からは買わないとか、その会社によってクセのようなものがある。相手からすると、何屋さんかわからないような相手からは買いたくないという心理が働くのだろう。

ラーメン店でも醤油、味噌、塩といろいろ味があるよりも「うちは塩ラーメン一本です」と標榜している店のほうがおいしそうな気がして食べてみたくなるのと一緒だ。

「こだわっているんだな、命かけているんだな」みたいものが感じられたら、強みになると思う。

要はお客さんに刺さるものでないといけない。そのためには、自分たちが本当に必要と思える以外の要素をそぎ落としていかないといけない。そぎ落としていけば尖る。尖ったら刺さるのだ。うちみたいな会社は、「これしかできないけど、これについては、どこよりもすごい」というところで勝負しないといけない。「一点突破」が生命線になると思った。

だから、ライソンは家電メーカーになろうとした。それまでは家電やおもちゃや食品など、自分たちが売れそうだと思ったものを何でも仕入れていた。先方からすると売れ筋の商品を何でももってくる「何でも屋」みたいなイメージを払拭したいと思い、家電に絞ろうと考えたのだ。

家電メーカーに見えるように商品を揃えていく。会社のアイデンティティみたいなものが確立していないと、相手に覚えてさえもらえないと学べたように思う。

特販事業部を立ち上げたときはまだ「うちの会社はコレ」というものがなかった。

デジカメもＭＰ３プレイヤーも売れたが、自分たちで見つけはしたものの、つくるのはぼくたちではなかった。「つくる」というプロセスにはかかわっていなかった。ピーナッツ・クラブの貿易力のおかげで安く仕入れることができて、他社より安く販売できていただけだった。

それが少し「つくる」会社に近くなったのが、ヨシナのときだった。

たとえば、カルビーの商品を景品にしたいとなったときに、カルビーに電話をして説得しないといけない。缶をどうするとなったとき、最初は国内の製缶会社を探した。

工場に行って「こういう色で印刷できますか」と相談し、最低生産数を聞いたら1万個と言われ、予算に見合わなかったのでやはり中国の工場を探すことになった。

中国でつくってもらったはいいが、どこで商品を缶に詰める作業をするのか、場所を確保しなければならなかったし、そのための人員も必要だった。

賞味期限はどうするのかなど、食品は法律がたくさんあって保健所に聞きにいったりもした。

それまでは商品を買ってきて売るというのが商売で、言い方は悪いが、右のものを左に流していただけだった。だが、こういうものを売りたいのだと考えて、ある意味で「つくる」を経験できたことが次につながった。「つくる」ことのプロセスを学ぶことができた。

「お客さんのことを考えているか」

「誰が欲しい商品なのか」とか、「この人は何を欲しがっているのか」などと考えるようになったきっかけは、バッタもん屋のおっちゃんたちから学んだことが多いように思う。「バッタもん」とは偽物のことをいうことも多いが、ぼくが言うバッタもん屋さんというのは、メーカーの売れ残り品を大量特価で仕入れたり、倒産品を扱うような人のことだ。

ピーナッツ・クラブの特販事業部のとき、そういう海千山千のおっちゃんたちと仕事をしたことがあった。仕事といっても、ゲームセンターに卸そうと思って中国から輸入したものの、売れ残ってしまったので、それを買い取ってもらおうと営業にいったのだ。訪ねた時間帯が遅いと「こんな時間に来んなよ」と言われたり、話し方がなってないと怒られたこともあった。

そうやって最初はつっけんどんな対応をしてくるおっちゃんたちも、通っているうちにだんだん話ができるようになっていった。

ゲームセンターでは全然売れなかった一個５００円の商品をおっちゃんたちのところへもっていくと、１００円で買ってくれるということが何度かあった。

見ていると、彼らはぼくたちから１００円で買ったものを、欲しがっている人をどこかから見つけてきて５００円で売っていた。

ぼくもおっちゃんたちをマネて倒産品を買ったことがある。

つぶれた遊園地のキャラクター商品を倉庫ひとつぶん50万円で買ったのだ。すでに60万円で買ってくれる売り先を確保していたから、ぼくは得意になっていた。

けれど、商品が思いのほかかさばることに気づいたときにはもう遅かった。輸送費としてトラック代に20万円かかってしまったのだ。

詰めの甘さを痛感したぼくは、**「倒産品には二度と触るまい」**とまた誓った……。

ぼくが売れない商品でも、おっちゃんたちは売ることができる。安くすれば売れるし、欲しがっている人を見つけることができれば売れる。

どれくらいの値段なら相手は買ってくれるのか、どんなものなら相手は買ってくれるのか、おっちゃんたちにはわかっているのだ。

なぜ買ってくれる人を見つけられるのか、欲しがっているものを見つけられるのか。経験なのか。何なのか。

それは、

「お客さんのことを考えているから」

というのが、ぼくなりの答えだ。

ゲームセンターでは欲しくない商品でも、ところ変われば欲しいと思う人がいる。

たとえば、ゲームセンターでクレーンゲームの景品としては魅力的でない商品でも、住宅展示場で配るノベルティや、祭りに出る露店の射的ゲームの景品としてなら魅力的に思える場合がある。

ぼくは、欲しがっている人のことを考えていなかったから売れなかった。おっちゃんたちとの違いはそこだった。

最初は誰でも「どんな人がこれを買ってくれるか」と考えて企画する。でも、そのうちお客さんのことを考えなくなり、自分たちが売りたいものを売るようになってしまう。

誰にどんなものをいくらで売るか。普通に営業マンとしてやっていたのではわからないことをおっちゃんたちは教えてくれた気がした。おっちゃんたちは教えたつもりはないだろうが、ぼくはそこから学んだ気がするのだ。

失敗はいろいろあったが、営業と仕入れという双方の立場を経験できたことでの学びは確かにあった。

国内仕入部になって仕入れの立場になってみると、自分が新入社員時代に営業していたことが、いかに的を射ていないかがよくわかった。

まず買ってもらう相手であるお客さんのことをまったく考えていなかった。自分が売りたいものを売ろうとしていた。必要でないものを必要としていない人に売ろうとするわけだから、そんなの売れるはずがなかった。「売る」ということがどういうことなのか、まったくわかっていなかったのだ。

仕入れを経験したことで、営業ではどういう製品を提案したらいいのかを考えるようになった。

仕入れを経験したあとだったから「お客さんの欲しいもの」を用意するという営業スタイルで売上をつくることができた。

「お客さんの欲しいもの」であれば売れる。これは単純なことのようだが、実は奥が深い。

たとえば、コロナ禍のときであれば、それまでの考えならマスクを売ってお金をもらって終わりだった。今ならマスクを買った（仕入れた）人がまた売るのか、誰かにあげるのか、自分で使うのか、といったことまで考えられるようになった。

買った人が自分で使うのか、また売るのかでストーリーが違ってくる。子どもにつけさせたいなら、もっと小さいマスクを提案してあげたほうがいいとか、お客さん（売り先）と一緒に考えて売るようになった。

結局、そこまで見ていかないと、本当に相手が欲しいものはわからない。お客さんから見れば、先を見て売ってくれるからあとの動きがやりやすい。相手の立場になって考えることが大事だと学んだことが、ライソンになってからも生きているのだ。

第3章

お客さんのことを心底考えぇ、
商品にとことん向き合えぇ

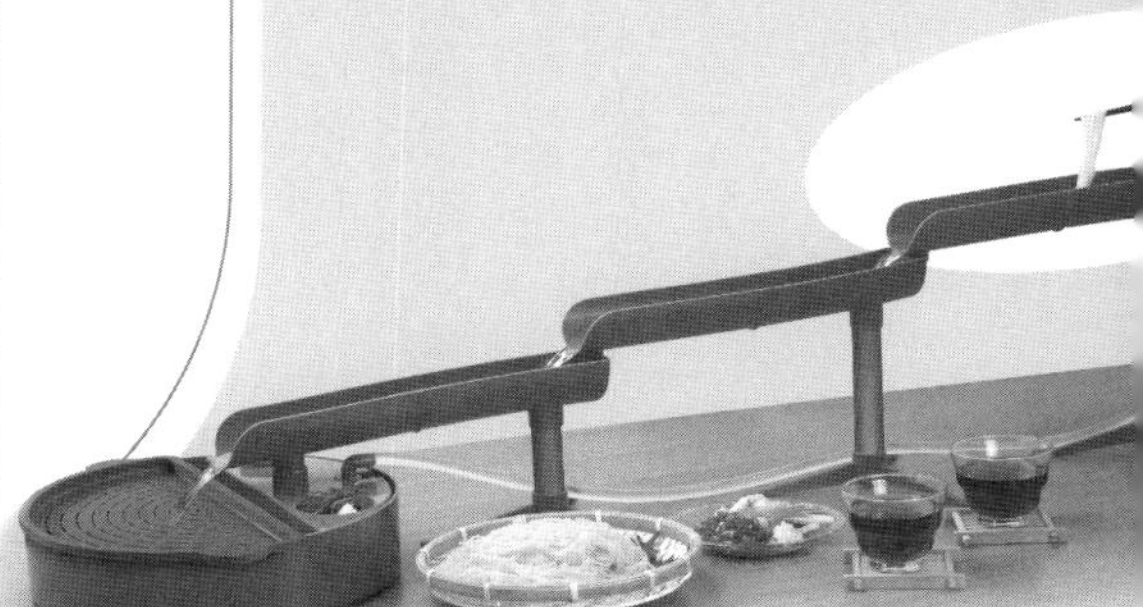

第7話

見つけた、ぼくたちのペルソナ

ヨシナで食品を扱って5年が経過した2014年、また吉名社長の辞令が出た。

「健康食品を売りなさい」

しかも、そのために新たに子会社をつくり、中高年に向けて直接消費者に売るビジネスモデルを考えなさい、と言うのだ。

これまではゲームセンターやネットショップ向けのBtoBのビジネスだったが、今度はBtoCをやれとのこと。

扱う商品もゲームセンターがメインだったから若者向けだったが、今度は中高年向けと全然違う。

しかも一から会社をつくれと言う。ぼくにとっては初めてづくしの仕事だった。

まず会社をつくらなければいけない。会社の登記から、ＨＰをつくるのまで一からすべて自分でやるのだ。会社のつくり方を教えてくれる人はおらず、しばらく図書館に通う日が続いた。

２０１４年４月にヨシナでの引き継ぎを済ませ、会社ができたのが７月だった。このときはヨシナや特販事業部との兼務ではなく、専任になっていた。

できた会社は「ルイスヴァージウエルネス」と名付けられ、通信販売で健康食品を売っていくことをコンセプトとした。

ルイスヴァージウエルネスでは「中高年に健康食品を売る」ということだけが決まっていて、あとは何もなかった。

このころになると、「売れれば何でもいい」とは思わなくなっていて、人間的にも成長していた（笑）。

ただ、ぼくはまだ若かったし、健康食品を食べたり飲んだりしたことがなかった。それまで食品を扱っていたから、聞いたことのない成分が含まれている食品は売りたくないと思っていた。

いろいろ調べた結果、商品候補として乳酸菌が残った。

実際に商品をつくる前に、乳酸菌について調べたことを自分なりに整理する意味で、会社としてブログの記事にまとめていた。主に国内外の研究結果の論文などを紹介していった。

すると、あるお客さん（といってもまだこのときは売る商品はないのだが）から夜中、電話がかかってきた。ブログの内容についての問い合わせだった。

その電話の主は女性で、おそらく40、50代だと思われ、聞けば「酒さ《しゅ》」という病気ですごく悩んでいるのだという。

あまり聞きなれない病気だが、皮膚の病気で、欧州では広く知られているらしい。原因不明の皮膚疾患だから、藁《わら》にもすがる思いで乳酸菌を試したいと思ったに違いない。いろいろ調べていくなかで、ぼくのブログにたどり着いたとのことだった。

話を30分ぐらい聞いた後、関係がありそうな研究結果を紹介してあげて、その日は電話を終えた。

どんな健康食品をつくったらいいのか決め切れていなかったぼくは「こういうお客さんのためになる商品をつくらなきゃ」と思った。

そこで、この女性をペルソナとして、商品構成を考えてみようと思った。

ペルソナとは、「サービス・商品の典型的なユーザー像のこと」とビジネスの本に書いてある。

ペルソナを得たことで、商品コンセプトがはっきりして、広告もつくりやすくなった。ネットも雑誌も、テレビもCSではあったが、一通り全部広告をやってみた。

商品は水や牛乳で溶かして飲む粉末で、レシピはOEMメーカー（製品の製造を請け負うメーカー）があったので、そこに頼んで何度もつくっては試飲し、感想をフィードバックしては調整することを繰り返し、２０１５年の４月から販売をはじめた。

　最初は苦戦したが、それでもじわじわ売れるようになっていった。発売から半年たったころにはかなり売れるようになり、開発費、広告宣伝費を回収できて、ようやく利益が出そうだという段階まで来た。

利益が出るまでのもう少しのところで訪れた転機

　そんなとき、一本の電話がかかってきた。

　消費者庁からだった。

　広告に薬事法にひっかかる表現が含まれているから、広告の表記を改めてほしいと言うのだ。

　広告には「腸内環境が整えられて肌がきれいになる」みたいなことを書いてい

た。

他の有名メーカーもアトピーに効くなどと広告に書いている。同じようにウソでない範囲で書いていたのに寝耳に水だった。

ひっかかったのは部位の表現だった。薬事法では「腸内」などと部位を特定してはいけないことになっている。しかたなく広告の表記を改めたが、コピーにインパクトが出せなくなってしまった。

順調に売上が伸びていっていたため、他社から横やりが入って消費者庁が動いたのではないかと思う。

広告の効果が薄れていき、販売数は落ちていった。広告の質を量で補おうとして広告費がかさむようになってしまい、だんだん利益を出すことが難しくなっていった。

さらに「転売ヤー」との闘いもあった。

他の健康食品と同じように、最初は初めての人に限り安く提供していたのだが、そのなかに複数のアカウントや電話番号を使って商品を得ている人がいる。そうした人が転売したために、市場で値崩れを起こすようになってしまった。会社はぼくともうひとりの社員の2人体制で地道にやってきていて、もうちょっとでビジネスとして利益が出るというところまで来たが、そこからが難しかった。

ウエルネス社ではBtoCが初めての経験だったから、たくさんのお客さんに対応するのも苦労した。一般消費者となると、それまでとまったく勝手が違った。一般消費者は、自分の生活費のなかから商品を買うし、健康になりたいという目的があるから真剣だ。

BtoBだと自分で買うわけでもないし、相手もさらに売る相手がいる。買うにしても会社のお金だから、どこか他人事になってしまう。

でも、一般消費者の場合は、効果が自分の身にふりかかってくる。自分の健康状態をよくしたいという思いがあるから、よければ喜ぶし、そうでなければ怒る。要は切実なのだ。

ぼくはコールセンターで電話対応することもあり、消費者からの厳しい言葉も受け止めた。

お客さんひとりひとりに届いているんだということを意識しないといけないという思いが、ぼくのなかにできていった。

それまではどこか実感がなかった。商品を1万個売っても購入してくれた人の個人情報も何もないから実感がない。でも、今回の乳酸菌飲料の場合は通販だったから1万人分の個人情報が手元にあった。名前も電話番号もわかる。そこで初めて、個々のお客さんひとりひとりを意識できるようになった。

何度も言うように、社会人になった当初は「売れればなんでもいい」と思っていて、800円のものを1万円で買わされる人は、知らないのが悪いのだとさえ考えていた。心がざわつくこともなく、疑問を感じることもなかった。

バッタもん屋のおっちゃんたちと仕事をしたり、BtoCのビジネスで一般消費者を相手にするようになって、**「ウソはつかないようにしよう」**と思うようにもなった。ウソをつかないで商売していれば、何かあってもちゃんと対応できる。

逆に、騙しながら売ったり、何か心にやましいものをもっていたりするとお客さんに釈明できなくなり、ごまかすしかなくなる。

商品を買うお客さんはいつも真剣だ。自分のお金や会社のお金で目的があって商品を購入する。

その目的をきっちり聞き、その目的にあった商品をきっちり説明してお互いに納得して購入していただくことが大事なのではないかと思い始めていた。

入社当初の未熟だったときは、商品知識もなく上っ面の商品説明を並べ、お客さんの話に合わせてその場しのぎの営業トークをしていたんだと思う。

自分に課せられた数字ばかりを追いかけていくなかで、本当に商品を使うお客さんのことを考えることができていなかった。

自分が販売した商品は必ず誰かの手に届いて使ってもらうということに気づいていなかった。

しかし、これまでの経験を経て、ぼくのなかで「お客さんのため」という思いがどんどん強くなっていった。

自分が働いて稼いだお金で、自分たちの商品を購入してくれたことには理由があるはずで、そこを考えることはビジネスの本質であるような気がした。

あのときの女性からはそれっきり電話もかかってこなかったが、お客さんのためになる商売をしようという考えが、ぼくのなかで確かに根付きはじめていた。

乳酸菌飲料で苦戦していたころ、特販事業部はピーナッツ・クラブ第二営業部と名前が変わっていて、当時の部長が結婚して寿退社することになり、部長職が不在になった。第二営業部はぼくが去ったあと順調に伸びてはいたが、部門の舵取りをする人間がいなくなってしまった。

そこで、乳酸菌飲料の事業で行き詰まっていたこともあって、また吉名さんの判断によって健康食品の事業を売却し、ぼくは第二営業部に部長として戻ることになった。

第8話

売り方を変えていこう

　第二営業部に戻ったころから、もっとちゃんとした商売をしようと、ぼくは考えはじめた。

　トレンドを追いかけた商品ばかりではなく、お客さんのことをきちんと考えて、自分たちでつくった商品を売ろうと。

　第二営業部はそのころ14、5人のメンバーがいた。グループ会社は同じビルに入っていて、フロアが違うだけでそれぞれの社員はみんな同僚という感じがあり、顔見知りだ。

　最初、部長職で戻ったとき、後輩たちはみなやる気があった。

　中国から見つけてきて売るだけじゃ物足りない。徐々に自分たちの商品をつくっていこうという志向が出てきた。

とはいえ、すぐに自社製品をつくれるわけではないから、従来通りトースターやホットサンドメーカーなどを中国から仕入れて売るということを続けてみたが、売れゆきは大きく伸びなかった。

その後、商品をつくりたくてもつくる技術がないから、まずは自分たちでできる範囲で新商品をつくっていった。けれども、それほど売れなかった。

自分たちでも買いたくなるようなものを売りたい――そう考えるようになった。どうせやるのなら、自分たちの仕事を、自分たち自身のことを、もっと好きになったほうがいいと思ったのだ。

そのうち、商品というよりも売り方に問題があるのではないかと考えはじめた。小売店に商品を卸すメーカーとして、これから物販業界で戦っていくために何をしなければいけないのかを考えた。

それまでは、

①新商品をつくる
②小売店のバイヤーに新商品の説明をする
③納得してもらい、商品を購買してもらう
④実際に店頭に置いて、売れたのか売れなかったのかを検証する

といった売り方が当然だと思っていた。

これまでは新たな商品を中国から買い付けてきたら、営業マンは商品の機能やターゲットを勉強し、小売店のバイヤーさんに積極的に営業をするという売り方になんの疑問も感じていなかった。

売りたい販売店やネットショップにもっていく、バイヤーさんに「こんな商品が入荷しました」とA4の紙に値段とスペック、写真が載っている紙をもって営業する。けれど、**「ホントに売れんの？」**と言われたら、もうそれで終わりだった。ここで売れなければずっと売れない。

新商品の紹介は、取引をする小売店の人にはできるが、エンドユーザーには知

らせる術《すべ》がない。

他のメーカーを見ていると、プレスリリースを行って物系雑誌やウェブニュースの記事にすることで消費者から「欲しい」という声が上がり、小売店も仕入れざるを得ないという流れになっていた。

ただ、純粋に記事になるのは一部の商品であり、多くの記事は費用をかけた広告記事なのだ。つまり、記事で宣伝しようとすると広告費がかかる。


それに、小売店からもらったＰＯＳデータランキングを見ると、上位は大手メーカーが軒並み名を連ね、ぼくたちのなかでも売れていると思っていた商品はランキングではそれほど上位に入っていなかった。

そこそこの機能のものを、大手メーカーの半額ぐらいで売っても店頭での売れゆきは雲泥の差があった。メーカーとしての信頼度の違いがあるのかもしれない。

「安くても売れないのか……」

自分たちが何をつくるべきなのか、わからなくなった。

大手メーカーは広告宣伝費が違う、信頼感が違う、商品力が違うと言ってしまえばそれまでで、言い訳ばかりしていては座して死を待つばかりだ。

「このままこのやり方を続けていったらアカン」

そう考えるようになるのに時間はかからなかった。

そこでうちのような中小の物販メーカーがこれから生き残っていくための新しい広告宣伝の流れを改めて考えてみた。考えた結果、次のようなことに行きついた。

①エンドユーザーが欲しくなる商品をつくる
②そのエンドユーザーに、そういう商品があることを知ってもらう
③その商品を小売店に置いてもらう
④その商品が小売店で売れる

この流れをつくることができれば、エンドユーザー、小売店、ぼくら、のみんながハッピーになり、金銭的にも潤うのではないかと思った。

ただ、②の「エンドユーザーに知ってもらう」ための具体的な方法が広告しかどうしても思いつかない。弱小メーカーは大手と同じように莫大な広告費をかけることなどできない。

「クラウドファンディング」の発見

新しい商品の周知の方法について、いくら考えても答えは出なかった。

半ば諦めかけていたあるとき、ボーッとネットサーフィンをしていると、ワイヤレスイヤホンのクラウドファンディングを募集するサイトが目に留まった。

募集のページをよく見てみると、数千万円が集まっていた。聞いたこともないブランドなのに、これだけのお金を集められるのかとわが目を疑った。

「これ、オモロいな」

次の瞬間、**「これで商品が話題になれば、小売店を説得する材料になるかもしれない」**と考えた。

一般的にクラウドファンディングに掲載されている商品は「最新の技術」を使った商品や「夢を応援する」商品が多い印象だったけれど、ぼくはクラウドファンディングサイトで新商品のプロモーションをできるのではないかと考えた。

最初に行ったクラウドファンディングは大阪心斎橋のアメ村や東京の原宿で売っているような超巨大サイズのわたあめがつくれる「家庭用わたあめ機」だった。当時、アメ村や原宿では、女子高生や女子大生に大きなわたあめが流行していた。ツイッターやインスタで写真を載せたら映えるからだろう。

しかし、小学生以下の子どもをそういった繁華街に連れていくのを躊躇《ちゅうちょ》する親御さんも多いと思い、小さな子でも自宅で大きなわたあめを食べることができたら楽しいだろうなと考えた。

この商品は支援が集まっても集まらなくても生産するつもりだった。

もともと第二営業部で一番売上が大きかった〈わたあめ屋さん〉という商品が頭にあった。この商品はザラメだけでなく、市販のキャンディでもわた菓子がつくれるのが特徴で、7万台を売るヒット商品になっていた。

「これをベースにしたら簡単につくれるんちゃうかな」

と思った。

そうして、わた状になったあめが出てくるトレー部分を特大サイズにするため、金型だけ中国の業者に発注してつくってもらうことにした。

やってみたら、意外と簡単にできた。

ぼくが最初にクラウドファンディングの話をしたとき、社員全員が**「この人、**

ナニ言うてんねん」とでも言いたげな顔をしていた。

ほとんどの社員がこのとき初めて「クラウドファンディング」という言葉を聞いたはずだ。

営業から**「もしクラウドファンディングで失敗したら、お客さん（ディスカウントストアや家電量販店）が買ってくれません」**と言われたり、社内のデザイナーもクラウドファンディングのページという、今までつくったことがないものをつくる仕事が増えそうなので不安気な顔をしていた。

しかし、ぼくはなんとしても商品を売る新しい道筋をつくりたかったので、みんなを説得し、クラウドファンディングのページをつくってくれる会社を見つけ、すぐに作成してもらうべく発注した。

クラウドファンディングは開発資金を得る目的のものもあれば、話題づくりでやる場合もある。この場合は話題づくりだった。海外でもよく見られる手法だ。

どれぐらい金額が集まるのかまったくわからなかったが、プロジェクトの目標金額は取りあえず30万円にしてみた。

「これで本当に合ってるのか？」「お客さんに伝わるだろうか？」と不安になりながらだったが、ついに「Ｍａｋｕａｋｅ」というクラウドファンディングのサイトにプロジェクトを公開した。

フタを開けてみると、毎日数字が増えていった。

結果的に１４６万９５００円、計２５５人の方から支援を受けてプロジェクトは成立となった。

１４６万という金額は、会社からすると大きい数字ではないが、直接エンドユーザーが提供してくれるお金であり、それまでの１４６万円とはまったく違う意味をもつ数字だった。

寄付してくれた人たちへはもちろん完成した〈ジャンボわたあめ屋さん〉を送った。

このときは製作を外注し、運送費もあまり気にしていなかったのでクラウドファンディングだけで見れば赤字だったはずだ。

ただ、このクラウドファンディングのページを営業ツールとして使い、どのよ

初のクラウドファンディングを行った〈ジャンボわたあめ屋さん〉。
子どもも喜ぶ人気商品。

うなお客さんが購入したのかという話をすることで、多くの小売店から注文をもらうことができた。今までお付き合いのなかった大手の家電量販店とも取引をはじめることができた。おかげで販売台数はすぐに1万台に達した。

その後も順調に売れていったので、結果的にはしっかり利益を出すことができたのだった。

第9話
自社製品を爆誕させろ

〈ジャンボわたあめ屋さん〉でのクラウドファンディングの数字が増えていくと、社員の士気が上がるという副産物があった。

「楽しみにしてます」といったコメントも来るようになり、**「こんなコメントが来てますよ」「期待しているって書いてありますよ」**といった会話が社内で出るようになった。直にお客さんの声が聞ける。こんなことはそれまでになかったことだ。

クラウドファンディングで目標の約5倍のお金が集まったのは他にない商品だったからというのがひとつ。もうひとつは、誕生日会などのホームパーティー、文化祭の模擬店用など「パーティー家電」として買っていただけたのかなと思う。

クラウドファンディングは最新の技術を使った商品でないと売れないと思っていたが、そうでなくても買ってもらえるんだなと思った。**「思いをお客さんに直接伝えられれば商品は売れるんだ」**とわかったことは収穫だった。

ぼくたちにとってはこの〈ジャンボわたあめ屋さん〉は、大きな成功体験になった。既存のわたあめ機のトレーを大きくしただけだったが、自分たちで考えて少しは「つくった」と思えるものができたからだ。

ヨシナのときにパッケージをつくって売ったころからまた少し進化したと思えた。

そして、自社製品をつくり、ときにはクラウドファンディングでアピールしてどんどん売っていこうということになり、会社としても自分たちのアイデアを加えた自社製品をメインとしていこうという話になっていく。そんななかで開発されたのが〈焼きペヤングメーカー〉で、その他にも同時にさまざまなものを開発していった。それらの商品を以下に少しだけ紹介してみよう。

♣秒速トースター

それまでは家電市場の端っこのほうで戦っていたが、もうちょっと真ん中で戦おうと考えた。おもちゃのようなものでなく、日々の生活で使ってもらえるものを開発しようということだ。そこで出てきたのが〈秒速トースター〉だった。

家電業界は巨大な市場だが、大手メーカーが牛耳《ぎゅうじ》っているからそこに割って入るのはなかなか難しい。商品に何か特徴を出していかなければ、注目されない。

縦に2枚置いて焼ける縦型トースターや、横に幅広いトースター（もとはピザ用のトースターだ）などが売れていたのもあって、1分で焼けるトースターを考案した。

しかし、その開発途中、1分で焼けるトースターが先に他社から発売されてしまった。

開発途中の〈秒速トースター〉

「じゃあ、うちは2秒縮めて58秒だ！　倍返しだ！（知らんけど！）」

　ということで、名称も「秒速トースター」として企画した。

　このポップアップトースターは2、3枚目を焼くときは、時間が少し短くなるような機能がついている。2枚目を焼くまでの間隔が15秒以内なら焼き時間をさらに短時間にする。そうしないと、同じ焼き色に仕上がらないからだ（低価格の商品にはこの機能はない）。

　ぼくたちは〈秒速トースター〉で

初めてこの機能を加えた。

大手メーカーから見れば当たり前のことなんだろうけど、ぼくらにしたら大成長だった。

この商品もＭａｋｕａｋｅで募集したところ、５４３人が応募してくれ、４４９万２６００円が集まった。売れゆきもよく、今までに約１０００台が売れている。

♣本格流しそうめん

〈焼きペヤングメーカー〉の次につくったのは、流しそうめん機〈本格流しそうめん〉だ。

考えたのは、そうめんが同じところをグルグル回るこれまであったような流しそうめん機ではなく、竹筒を使った流しそうめんに近いものができないかということだった。

もともと水流を起こしてそうめんが流れるようになっているベースの商品はあ

った。これに金型を新しく起こしてプラスチックで成形すれば、簡単にできるだろうと考えて開発をスタートした。

いざ金型ができてそうめんを流してみるのだが、水流の調節に苦労した。

水流の勢いが弱いとそうめんが流れていかないが、強いと水が飛び散ってテーブルが水浸しになってしまう。

この流しそうめん機は、竹を模したプラスチック製の筒を組み替えることで最大１ｍの長さになる。これを水流だけで下のほうまで流す必要がある。そうでないと、下流で待ち構えている人がいつまでたってもそうめんを食べられないからだ。

中国の工場に頼んでつくりはじめたが、何度説明しても彼らは首をひねるばかり。それもそのはず、中国には流しそうめんの文化なんかない。

やっとそうめんがちゃんと流れる試作機ができた。完成度としては80％だ。

だが、ぼくはあと20％積み上げる要素として、麺自体をどうしても循環させたいという思いがあった。

下に流れたそうめんをもう一度、上まで自動でもっていくことができたら、麺を手作業で回収してまた上から流すという手間を省ける。

どうしてもこの機能をつけたかったのは、そうめんを流す役割の人も一緒に食べてほしかったからだ。

この流しそうめん機を使う場合、多くの家庭ではそうめんを流す役割は母親がやることになるのだろう。そうなると、母親はみんなの食べ残しを最後に食べることになる。そうではなく、みんなが一緒に食卓で食べられるものにしたかった。

そのために何度も試行錯誤をした。

毎日そうめんを食べ続けた。焼きそばの次はそうめんかよと思ったが、今回は味を吟味する必要はないからそんなに大量に食べる必要はなかったので助かった。

「そうめんを上までもち上げてまた流す」機能を加えるために、さまざまな人に相談してつくったが、どこをどうやっても麺を上げていく工程でちぎれてしまう。50万円かけた装置をつくったこともあったが、ダメだった。

いろいろな方法で試したがどうしてもできず、そうめんをもち上げることは断

試作で苦労した〈流しそうめん機〉

念することにした。

できた商品をモニターとして社員の家族で使ってもらったら、子どもが大喜びして、「いつも器に入ったそうめんはあまり食べないのに、この流しそうめん機ならうちの子めっちゃ食います！」と報告を受けたときは嬉しかった。

開発は8割完成の域に届くまでは8か月かかり、そこから細部を詰めていくと1年近くかかってしまった。

これまでに流しそうめん機は、ふたつのタイプを合わせて累計1万台以上売れている。季節商品なので、夏が書き入れどきだが、気温が35度を超える日が続くようになると、一気に売れるという現象が起こる。

そして、今も「そうめんを循環させる」ことは諦めていない。いつか必ず実現させたいと思っている。

♣お菓子の家メーカー

もちろん、成功した商品ばかりではない。

社内のみんながいいと言うから必ず売れるわけでもないのは、多くの人が実感するところだろう。

うちの商品でいえば、たとえば、〈お菓子の家メーカー〉だ。

パッと見た感じは普通の電気式のホットサンドメーカーなのだが、プレートが家の屋根や壁の形になっていて、クッキー生地を焼いた〝部品〟を組み立てていくと、「お菓子の家」ができ上がるという商品である。

これを企画したときには、企画会議でも大絶賛だった。

「こりゃ、ええなあ」

「おもろい！」

「いけるんちゃう⁉」

そんな声が上がったが、実際はまったく売れなかった……。

会社の商品としてはおもしろいとは思っても、実際、自分で財布からお金を出して買うかというと、どうだっただろう。

商品の企画を考えるときには、企画立案者という立場を切り離して消費者の立場になって考えることは相当難しい。

それに自分が欲しいと思うものが、みんなが欲しいと思えるかというと、それもまた違う。

企画会議で「これなら自分も欲しい」と思っても、冷静になって店頭で見たら、本当に欲しいと思うだろうか。そこを考えないといけない。だから、ペルソナをしっかり見据えるべきなのだ。

第4章

みんなを幸せにするつもりなんかない

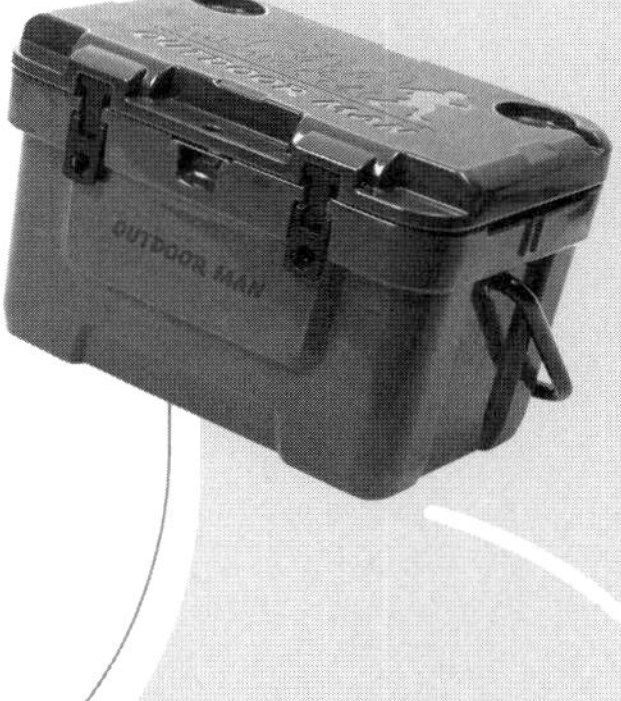

第10話

商品をとことんイジメ抜け⁉ ――〈インペリアルクーラーボックス開発〉――

〈ジャンボわたあめ屋さん〉の成功に気をよくした会社は、第二営業部をそのまま別会社として分割する方針を打ち出した。ぼくはその会社の社長に任命された。社名は何がいいかと吉名会長に問われたが、いい名が浮かばない。社名というのは子供の名前と同じで一度つけたら変更はできないし、正解がないのだ。ぼくは自分で考えることを諦め吉名会長におまかせすることにした。すると、会長からいくつか候補をメモ用紙にいろいろと書き直されたものがぼくの手に渡された。見たら、「ライソン」の文字がグルグルと丸で囲まれてあった。

「ライソンってどういう意味ですか？」

「ライフとマラソンをかけた造語や。マラソンのように長く、人生をサポートしていくっていう意味や」

ライソンが誕生した瞬間だった。

第二営業部がそのままライソンになった。メンバーもそっくりそのままだ。第一営業部は売上も人数も多くて、第二営業部はずっと日陰だったが、メンバー全員、よしやろうと気持ちは高まった。

それが2018年、ぼくが36歳のときだった。

悲願の自社製品開発

会長の吉名さんにすれば、ライソンの設立は願ったり叶ったりだったと思う。

下町ロケットを生んだものづくりの気風がある東大阪にあるピーナッツ・クラブは、もとをたどれば、スピーカー部品の金型を製造する鉄工所から始まったことはすでに書いた。

それが時代の変化とともにものづくりがどんどん中国に移行していくなかで、徐々に事業形態の変更を迫られ、中国から商品を輸入する商社になっていった。

その名残があり、今も会社の事務所の片隅には工具が積まれていたりする。

会長の吉名さんにとっては自社製品をつくることは悲願だったと思う。

ぼくを便利に使っている吉名さんだが、ぼくだっていつも唯々《いい》諾々《だくだく》と従っているわけではない。辞めたいと思ったことも何度もある。

ぼくが吉名さんとプライベートでも濃く付き合うようになったのは、入社1年目のことだ。

社会人になってひとり暮らしをはじめたら、自由になるお金が増えたことで調子に乗っていろいろと買いすぎてしまった。お金がなくてまともに食べられずにいたら、見かねた吉名さんが**「じゃあ、晩飯を食べさせてやろう。食わなきゃいい仕事ではできんよ」**と言うので一緒に付いて夜の街を歩くようになった。

入社後3か月ぐらいから10年以上、平日は毎日、土曜日もゴルフのあと飲みに連れて行ってもらうようになった。

今は物腰もやわらかくなったが、ぼくが入社した当時は、吉名さんはまだ40代後半。風貌も物言いもめちゃくちゃ怖かった。下の者からすると、社長（当時）というだけでちょっと怖いものだが、それ以上のものがあった。

その半面、目立つことは好きではないので、ネット検索しても顔が出てこないほど、徹底して前面には出ない会長だ。

飲み屋では、「経営とは」を教えてもらった。

たとえば、「営業トークは64通り考えてから行け」といったことだ。

相手に何か言われたら、まず「はい」か「いいえ」の選択肢がある。「はい」ならこれとこれはどうですかと、ふたつの選択肢。「いいえ」でもこれとこれならどうですかとふたつの選択肢。そうしてふたつが4つ、4つが8つ、8つが16と枝分かれさせていって64通りのパターンを想定しておけと言うのだ。

ぼくはしゃべるのが苦手なのでと相談したら、そういった営業トークをしろと言う。

さすがに64通りも考えることはできなかったが、基本的な考え方には納得したので実践したら16通りぐらいは考えることができるようになった。

とにかく入社して5年ぐらいはいろいろなことでよく怒られたと思う。怒られて、居酒屋のトイレで泣いたこともあった。ただ、後から考えると挨拶のことや社内の掃除のことにはじまり、仕事の仁義の通し方、資料のつくり方など本当に当たり前のことを教えてもらった。


上司と部下の関係だから当然、叱責されることもあった。自分が仕入れた商品が売れなかったり、失敗で会社に損をさせてしまったこともあったから、怒られて当たり前だった。

若気の至りで辞めようと思ったこともあったが、会長と新商品の企画や新規事業の話を居酒屋でするときは、とても楽しかった。

思えば、ぼくと吉名会長の関係は会社の上司と部下というより、職人の世界の師匠と弟子のような関係に近いのだと思う。

簡単に褒めることはないし、褒めないことこそ期待の表れとも言える。褒めればそれで満足するか、図に乗るかして成長は止まってしまう。でも、反骨精神をもっている人には厳しく接して発奮させ、より成長を促す。そうしたほうが、その人のためだからだ。

ぼくも社長という立場になってこのごろ「そういうもんだ」とやっとわかってきたような気がする。振り返れば、人生で家族よりも長い時間を一緒に過ごしているのではないかと思うし、いろんな無茶を言われなければ、そして無茶をこなしていかなければ、この厳しい時代に会社を存続させられないことも、今になってわかってきた。これだけメンタルが強くなることもなかっただろうとも思う。いろいろと打ち込める仕事に出合わせてくれたことには本当に感謝している。

〈インペリアルクーラーボックス〉の開発

それはさておき。

ライソンを設立して同時にぼくが社長になったときに行った大きな変革として

は、おもちゃの取り扱いをやめたということがある。

中国のおもちゃの工場は、家電のそれと比べると環境が劣悪だった。部品をどこかから買ってきて組み立てだけしており、自分たちでものをつくっている意識が低かった。工程管理もされていない。どういう原理で動いているかもわかっていないんじゃないかと思う工場もあった。

家電なら動かす電力も大きく、安全管理基準は厳しいが、おもちゃは乾電池で動くような低電力しか扱わないから安全に対する基準も低い。

これでは品質向上は見込めないと思ったのが、おもちゃを扱わないと決めた最大の理由だった。

ただ、第二営業部のなかでもおもちゃが売上に占める割合は20～30%もあったから、**「3割もなくしてどうするんですか?」**と社員から不安の声が上がっていた。

〈ジャンボわたあめ屋さん〉に次ぐ、自分たちでつくったと言える商品の開発が急務だった。

新商品を考える上で、ぼく自身がお客さんの声を聞いていたのが生きたと思う。

2017年の秋ごろからコールセンターに出るようにしていたのだ。

担当だった社員が定年退職することになり、新しく30代の男性を採用してコールセンターに配属した。この人材難の時代、辞められると困るので、メンタル面をケアできるようにぼくも一緒に電話を受けることにした。

ライソン設立時点で取り扱っているアイテムが300以上あった。調理器具やオーディオ製品などだ。

話を聞いておもしろかったのは、ぼくたちが想定していない使い方をお客さんが自ら考えてやっていること。

たとえば、うちが販売している〈焼き鳥グリル〉のお客さんからコールセンターに電話がかかってきたときのことだ。

この〈焼き鳥グリル〉のコンセプトは「焼き鳥を卓上で焼く」なのだが、肉が生の状態から焼こうとすると20分ぐらいかかってしまう。だから、今回も**「い**

生の鶏肉を焼いても、買ってきた焼き鳥を温めてもよしの〈焼き鳥グリル〉

つまでたっても焼けないじゃないか」と怒られるのかと思ったら、聞けば「**スイッチが入らなくなったので対応をしてほしい**」と故障の話だった。

話のなかで、「生からはなかなか焼けないけど、スーパーで買ったすでに焼いてある焼き鳥を温め直すには重宝している」と商品を褒めてくれたことがあった。

ブルートゥースのスピーカーのときもそうだった。若い人が買っているのかと思っていたが、お年寄りから接続の仕方についての問い合わせの電話が多くかかってくる。耳が遠くなってテレビの音が聞こえにくくなったが、これならよく聞こえる、と言うのだ。

ブルートゥース商品が高齢者に売れているのは意外だった。当初は若者が音楽を聞くための商品だと考えていたので、テレビ用スピーカーとして活用しているのは想定外だった。

また、都市部より地方のほうが売れている。想像だが、地方の大きな家だとテレビまでの距離が遠くて音が聞こえづらいのかもしれない。

こうしたコールセンターでの実感を得て、営業の方法をディスカウントストアよりホームセンター、都市部より地方を重点的に営業したりした。

実際に使っている人からの声をダイレクトに聞けるのは新鮮だった。コールセンターの業務はクレームが多くて大変そうと思うかもしれないが、悪意をもった人はあまりいなかった。

なぜ壊れたのかも、使い方を聞けばわかる。だいたい想定外の使い方をしているのだ。

もちろん、不具合が出たものについては改善していくが、それ以上にどんな人がどんな使い方をしているかを聞いていけば、マーケティングに活用できるかもしれないと考えた。


そんな試行錯誤のなかで生まれたのが〈焼きペヤングメーカー〉だった。

そして、自社開発商品を増やしていこうと決めたときに、会長の発案でライソン内に「型起こし会議」が誕生した。

これは自社製品をつくる意図を込めた名称だ。金型を自分たちでつくる。それは今までにないものをつくることを意味する。

型起こし会議は、毎週月曜日の朝、貿易を担当する国際部の3名に加え、営業の部長と課長クラスの計3人とぼくが出る会議として発足させた。

4つのブランド、すなわちオーディオ、調理家電、アウトドア、生活雑貨というふうに決めて、社員から企画を出してもらい、できるかどうかを話し合って吟味し、最終的にぼくが判断する。

だが、数か月やってみたがなかなかうまくいかない。会議を通る企画がなかなか出てこない。そんななかやっとモノになりそうなものが出てきた。

それが〈インペリアルクーラーボックス〉だった。

インペリアルとは「皇帝の」とか「帝国の」といった意味がある。目指したのは、究極のハードクーラーボックスだ。

これを企画したのは、ライソンで営業部課長を務める古川義隆《ふるかわよしたか》さんだった。

古川さんは、ピーナッツ・クラブグループに入社して14年目のベテランだ。

ライソンの前身であるピーナッツ・クラブ第二営業部に彼が来たのは2013年ごろ。ライソンのほぼ初期メンバーである。

彼が最初にアウトドア商品を扱うようになったのは、ライソンになる2年前の2016年9月のこと。バーベキューグリルなどのアウトドアの商品を出したいと言ってはじめた。

会社としては「楽しさ」に関する商品をメインでやっていこうという方向性が

あり、ライソンの商品があることによって人が集まったり、人が集まるところで使うような、「楽しい」が共通するキーワードだった。

古川さんの場合はそれがアウトドアだった。

古川さんはピーナッツ・クラブの第二営業部でおもちゃ屋さんやネットショップにおもちゃや雑貨を営業していた。実績も上がっていたので、初めて彼が企画してつくることになったのがクーラーボックスだった。

アウトドアの最初のコンセプトとして考えていたのは、「ピクニックで簡単に使えるもの」だった。テーブルや食器のセットなど安価な商品を手掛けていた。

次第に2018年の1月くらいからピクニックからキャンプへと流れが出てきて、ランタンやテントを企画するようになっていった。それらの商品を古川さんがインスタグラムに開設した会社のアカウントで紹介していくと、意外なことにキャンパーの人たちが反応してくれるようになった。

「こんなものが欲しい」「あんなものがあったらな」といった要望が出てきたのだ。

そこで、インスタのフォロワーになってくれているようなキャンパー向けの商品をつくろうと考えた。初心者から本格派の人まで満足できるようなものをつくりたかった。

インスタグラムをはじめたころ、キャンプブームが到来しており、なかでもハードクーラーがちょっとした人気になっていて、各社から商品が立て続けに発売されていた。ただ、商品の選択肢の幅はそう広くなく、数社が出しているだけだった。

「これなら俺らにも入り込めるスキがあるんちゃう?」

そんなふうに考えた古川さんが企画して型起こし会議に出してくれた。古川さんはそのときのことを振り返ってこう言う。

「他社のハードクーラーを比較して、素材も検討してはじき出した想定価格が4万円。それを聞いた会議のメンバーからは『そんなん売れんの?』と言われてしまいました。当時、会社の商品で1万円を超えるものがそれほどなかったのに、いきなり4万円ですからね。もう最後は情熱で押し切った感じでしたね」

古川さんの思い入れがすごかったので、「売れる自信があるんやったらエエよ」ということで、OKを出した。

型起こし会議のメンバー7人のうち、ぼく以外は国際部の甲斐大祐《かいだいすけ》さんだけが賛成で、あとはみんな反対だった。


他社のハードクーラーボックスを買ってきて研究し、例によってベースとなる商品をつくっている中国の工場に相談し、開発の算段をつけた。

いくつかの部品で組み立てると、その継ぎ目の部分から壊れていくから、本体部分とフタ部分という基本的にふたつのパーツで組み上げることとした。これで強度を高められる。

パーツのなかは断熱材として発泡ウレタンを詰め、フタの密閉性を高めることで保冷力も確保できることがわかった。

商品ができるのに6か月かかったが、開発自体はそれほど苦労しなかった。

〈インペリアルクーラーボックス〉の場合は、開発よりもむしろ、いかにこの商品が優れているかをお客さんに周知させるかが課題だった。

ショベルカーで踏んでも壊れない

当初から古川さんのインスタグラムに反応してくれるようなお客さんをターゲットにすることを考えていた。

とはいえ、その人たちにいかにも欲しいと思わせる、何か仕掛けが欲しいと思った。

他社のクーラーボックスは、「熊でも壊せない」とか、「火だるまになっても大丈夫！」といった売り文句で販売していた。

ぼくらも何か他社がやっていない売り文句を考えていた。

「なんかないかなあ」

そう思いながら、朝、通勤で会社まで歩いていると、ショベルカーが見えた。

たまたまそのとき、自社倉庫の改築工事をすることになっていて、その工事車両のなかにショベルカーがあったのだ。

「アレや！　ショベルカーに踏ませてみたらエエやん！」

さっそく試作品として上がってきていた〈インペリアルクーラーボックス〉を踏んでくれるように工事のおじさんに頼んでみた。

「ほんまにエエの？」

「はい！　お願いします！」

ガガー、ガガガガー。

クーラーボックスの上をショベルカーのキャタピラが無慈悲に通過する。

固唾《かたず》を飲む一同。

「うおー、大丈夫や！」

「全然壊れてへん！」

〈インペリアルクーラーボックス〉はショベルカーで踏んでも壊れない！の実験（マネしないでください）

「すげー、ヤバっ」

ショベルカーにひかれたぼくらのクーラーボックスは、それまでと変わらぬ姿を維持していた。表面が少し傷ついただけだった。

他社製品との差を明確にするために、市販品も同じようにショベルカーでひいてみた。やってみたら見るも無残、ぺしゃんこになってしまった。

ショベルカー蹂躙《じゅうりん》作戦に気をよくして多少ハイになっていたぼくらは、次なる検証を考えた。誰かが言った。

「今度はビルから落としてみよか」

さすがにビルから落とすのは危険すぎる。

何か別の方法はないか？

高いところから落ちるというと、バンジージャンプが頭に浮かんだ。

「ほな、橋の上から落としてみよか」

ひと気のない田舎の山のなかの橋なら安全に実験ができるだろう。

思いついたのは、ぼくがインストバンドでボランティア演奏をしたときに行ったことのある和歌山の山奥だった。そこの町会議員さんにお願いし、地権者に了解を取ってもらい、実験することになった。

氷を目いっぱい入れて、まずは６ｍ上から土手の土の部分に落としてみた。

「ガコッ」

焼きペヤングメーカー爆誕!!
一点突破メーカー「ライソン」の破天荒日記!

ご記入・ご送付頂ければ幸いに存じます。　初版2021・2　**愛読者カード**

❶本書の発売を次の何でお知りになりましたか。

1新聞広告（紙名　　　　　　　　）2雑誌広告（誌名　　　　　　　　）
3書評、新刊紹介（掲載紙誌名　　　　　　　　）
4書店の店頭で　5先生や知人のすすめ　6図書館
7その他（　　　　　　　　）

❷お買上げ日・書店名

年　月　日　市区町村　書店

❸本書に対するご意見・ご感想をお聞かせください。

❹「こんな本がほしい」「こんな本なら絶対買う」というものがあれば

❺いただいた ご意見・ご感想を新聞・雑誌広告や小社ホームページ上で

(1) 掲載してもよい　(2) 掲載は困る　(3) 匿名ならよい

ご愛読・ご記入ありがとうございます。

郵 便 は が き

料金受取人払郵便

神田局承認

5642

差出有効期間
2021年10月
31日まで

101−8791

509

東京都千代田区神田神保町 3-7-1
ニュー九段ビル

清流出版株式会社 行

フリガナ		性　　別		年齢
お名前		1. 男	2. 女	歳
ご住所	〒 TEL			
Eメール アドレス				

お務め先 または 学校名	
職種 または 専門分野	
購読されている 新聞・雑誌	

※データは、小社用以外の目的に使用することはありません。

〈インペリアルクーラーボックス〉を橋の上から落としてみた実験（マネしないでください）。

鈍い音とともに〈インペリアルクーラーボックス〉が転がったが、どこも壊れていない。

調子にのって、今度は下がコンクリートになっている部分の上10mから落としてみた。

「バーン！」

エグイ音が静かな山林にこだました。

「さすがにこれは、ヒビいったんちゃうか？」と思った。

しかし、それでもどこも壊れていなかった。これにはぼくらも驚いた。

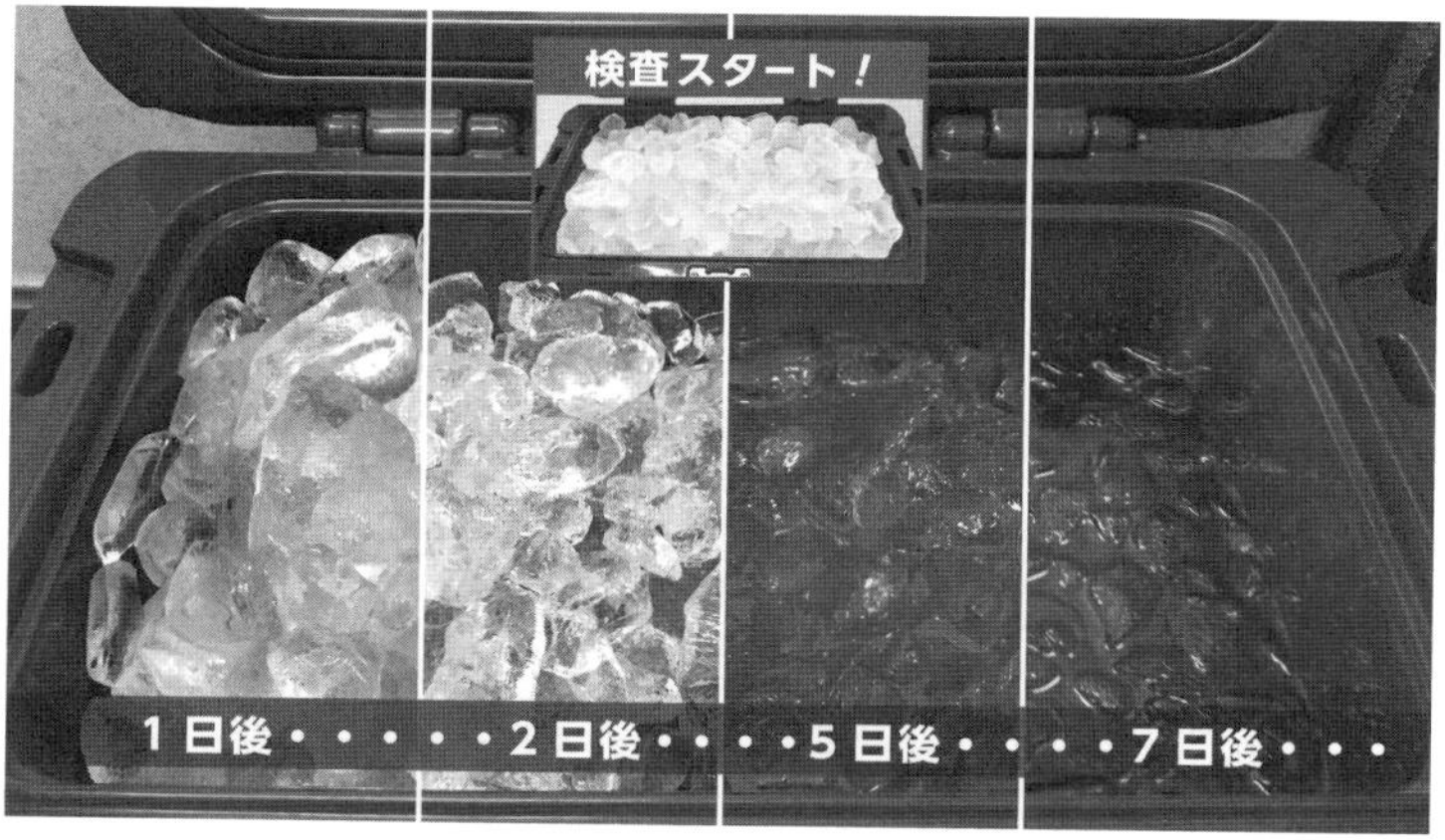

〈インペリアルクーラーボックス〉の保冷力を証明するため、7日間の氷の解け方をテストした実験。7日後も氷が残っている

何事かと集まった地元の人たち十数人の口がポカーンとなっていた。「**なんて酔狂なことをやるんだ!?**」と顔に書いてあった。

強度だけではしょうもないので、会社に帰ってから保冷力を比べる実験も行った。

有名ブランドに消費者を装って電話してみた。どれくらい保冷力があるのか聞くためだ。

すると、板状の氷を入れて、保冷材も使った上で、室内の温度が一定であれば5日間氷が解け切らないという結果をもって保冷力の証明としていた。

そこをぼくらは目標を7日間とした。その間、なかの状態を確認するめに3回フタを開けたが、7日後でも半分以上水になってしまっていたものの、氷はしっかり残っていた。これで機能面もしっかり質が高いことを証明できた。

あとはインスタでコメントしてくれるようなお客さんたちが受け入れてくれるかどうかだ。

第11話

やり切れば、必ず次につながる

〈インペリアルクーラーボックス〉もクラウドファンディングで募集した。

当初、200万円目標のところ、171人が応募してくれ、390万5500円が集まった。

最初に300台つくって171台をクラウドファンディングで届け、その後も2か月ぐらいで300台に到達した。

2019年3月にクラウドファンディングのお客さんに届け、4月に一般販売したのだが、すぐに大阪ローカルのテレビ番組「大阪ほんわかテレビ」から出演オファーが来た。「大阪ほんわかテレビ」は金曜日のゴールデンタイムに放送する、有名どころのお笑い芸人が多数出演する関西の人気番組だから反響が大きかった。

古川さんが出演してこのときも5mの高さから落とす実験を再現させてもらった。そこからまた100台ぐらいの注文が入った。やはりまだまだテレビのプレゼンスは大きいものがある。

「ぼくのインスタでフォロワーになってくれていた人が、クラウドファンディングで一番に買ってくれたのは嬉しかった。こういう人たちを失望させない商品を届けなあかんという一心でしたから」

と古川さんが言うのを聞いて、ぼくとしても嬉しかった。

社員のみんなにはブランドと商品に思い入れをもって楽しく仕事をしてほしいからだ。

「この会社でこんなことができるようになったんだな」と思って感慨深かった。〈インペリアルクーラーボックス〉の成功は、ぼくらの考え方は間違っていないんだと思わせてくれた出来事だった。

もちろん、アウトドア関連も企画した商品がすべて売れているわけではない。〈インペリアルクーラーボックス〉のほかにはテントウムシ柄のデザインのテントをつくったりもした。説明するのも野暮だが、テントとテントウムシをかけたわけだ。

だが、これは期待したほど売れなかった。

自分が手掛けた商品が全部売れる人などいるわけがないのだから、売れない商品があってもそれはそれでしょうがない。自分でこれなら売れると心底信じてやり切れるなら、やってみればいいとぼくは思っている。

情熱があればやり切ることができる。

やり切るというのは、もちろん商品の完成に漕ぎつけること。完成しなくても、試行錯誤を繰り返すこと、自分で納得するまで追求することだ。

そうしてやり切った上でないと、失敗したとしても売れなかったとしても次につながらない。

情熱の限りにやり切ったと自分で言えるのなら、商品が完成しなかった経験や、売れなかった経験を必ず次の商品に生かすことができる。

それは自分の情熱や時間、労力を使い切ったら、うまくいかなかった理由を考えざるをえないからだ。どうしたって考えてしまう。考えていると眠れなくなってくる。そこまで考えていけば、次は必ず少しはマシな結果になるはずなのだ。

テーマを絞ればアイデアが出てくる

ライソンには国際部（貿易と開発）５名、営業部７名（大阪３名、東京４名）、企画課３名、コールセンター１名とバイトが２名。品質管理が１名とバイト２名、ＥＣストアが１人。社員とバイトで計22名がいるが（２０２０年夏時点）、開発の部署はない。提案したいものがある人は、どの部署からでも型起こし会議に出てプレゼンすることができる。

とはいえ、最初から企画会議がこんな形になったわけではない。

以前は、毎週１回必ず企画書提出を社員に課していたが、だんだんみんな前日に一夜漬けの企画書を出すようになってしまい、会議のための商品企画が増えすぎてしまっていた。

結果として発売しない商品企画に時間をかけすぎるということも多くあった。

そこで、ぼくから**「最近、困ってることない？」「どんな商品があったらそれを解決できる？」**と社員に定期的に聞いてまわることにした。

「何でもいいから企画して」と言うとなかなか出てこないが、**「キッチン周りで欲しい家電教えて」**と言うとボチボチ出てきたりする。テーマを絞ってあげればけっこう出てくるものなのだ。


その後は、販売中の商品のレビューを見たり、エンドユーザーからの意見をもとにぼくが企画を考えたり、小売店からの依頼での商品企画が増えている。

そのときにぼくが企画立案者に必ず尋ねるのは、「誰が欲しがっているのか」「なぜ欲しがっているのか」についてだ。

「誰が」ははっきりしてないといけない。「ディスカウントショップの○○さんがつくってくれたら買うと言っている」という話が多いのだが、なぜその人は欲しいのかが問題だ。

「世の中で流行っているから」だと通らない。

「欲しい」と言うからには何か理由があるはずだ。日常生活のなかで困っているとか、面倒だと思っているとか、場合によっては「これがあったらモテるから」というのもあるだろう。

とにかくそうした理由が明確でないと、コンセプトもぼやけてしまい、開発途中でブレてしまうのだ。


一方で、企画立案者の心意気があれば企画会議を通過することもある。〈インペリアルクーラーボックス〉の古川さんのときがそうだった。彼にはクーラーボックスをなんとしてでも商品化したいという情熱があった。

それだけやる気があるのなら、やらずに後悔するより、やって失敗したほうがいい。そのほうが前に進めるに違いない。

この型起こし会議を通過する企画はなかなかないが、通れば自分の好きなように進めていける。

逆に言えば、自分で動かない限り何も進まない。自分でやりたいと思うものがある人にとってはおもしろい職場だと思う。

企画した人が主導して開発し、宣伝や販売にも携わっていく。自分で最初から最後までやり切るのだ。大変ではあるが、他人の責任に委《ゆだ》ねてしまうより、よっぽど仕事として楽しいに違いない。

ライソンに入社を希望する人にも「商品企画がしたい」という人は大勢いる。確かに自分の頭のなかだけにあった商品が現実に目の前に現れると考えたら、誰だってワクワクする。

けれど、商品企画が通っても、勝手に誰かが商品をつくってくれるわけではないし、企画が通った商品が必ず完成するとも限らない。

調査、検査、設計、デザイン、営業などそこからたくさんの人が動き出す。商品企画者はそのすべての業務に責任をもって全業務に携わらなければならない。
ひとつの商品が生み出されることは並大抵のことではなく、今、目の前にある商品は誰かの努力の結晶だということを、若い社員には早く理解してほしいと思っている。

結局、〈インペリアルクーラーボックス〉はテレビをはじめとしてメディアにもけっこう取り上げられて、すでに600台ほど売れている。4万円の価格を考えれば、大ヒットと言っていいだろう。

第12話

ひとりのお客さんを大切に

商品を販売する会社で働いていると、どうしても「新規顧客獲得」「新販路の確立」という行動目標を立ててしまう。

ぼくも実際にそうだった。

けれど、健康食品の通販の仕事を経験してからは「既存の顧客」をまず大事にするという考えに発想を転換することができた。

さまざまな商品が溢れている今のような世の中でせっかく自社商品を選んでくれたお客さんに、さらに喜んでもらえる商品をつくって買ってもらうことが、会社の売上拡大や永続には一番の近道ではないかと考えるようになっていった。

通販ビジネスではＬＴＶ（ライフタイムバリュー）という考慮すべき数値がある。

ＬＴＶとは一度購入してくれたお客さんにその後、リピーターとして何回購入してもらえたのか、いくら購入してもらえるかを計算した数値のことだ。

自社の顧客の平均ＬＴＶを計算して、その費用を増やすために商品を改善したり、顧客サービスを改善したりしていくことによって、売上を拡大していく。

新規顧客ももちろん同じくらい大事だが、既存のお客さんによって今の事業や経営が成り立っていることを理解して、利益を顧客に還元することを最重要視して再投資する。

そのためにぼくも直接ユーザーのクレーム電話に出たり、ライソンを訪問してくれるユーザーに対応するようにしている。

やはり直接お話を聞くことが、お客さんのことを理解する一番の近道だ。

どうしても役職が上がると、ユーザーの対応は部下に任せがちになるが、自分たちの給料は誰からもらっているんだということを考え、ライソンでは積極的に上の役職の人間がユーザーに対応するようにしている。

ぼくの携帯電話にも数か月に一回、なぜか（笑）ユーザーからのクレームの電話が転送されてくる。
そのときは社長とは名乗らずに、誠実に対応するように心がけている。

「こういうふうに改善してほしい」という意見は、できるかぎりユーザーさんの声を商品に反映させられないかみんなで考えるが、当然、すべてを商品に反映することはできない。それはコストの面もあるし、意見がバラバラだからでもある。〈焼きペヤングメーカー〉は当初、温度調節機能やプレートの取り外し機能はつけなかったが、たくさんのお客さんに認知され、たくさんの意見をいただいたので、これらの機能がついたバージョンを出そうと考えている。

商品の発売前は使う人のことだけを考えて機能などを絞り込み、ユーザーと想定されない人の意見は取り入れないようにする。みんなの意見を聞けば聞くほど、角が取れて他の商品と同じようなものになってしまう。全員の意見を採用すると、一見、誰にも受け入れられそうなものができた気になるのだが、実際は誰にも受け入れられないものになってしまう。

とにかく、その商品を買ってくれるお客さんのことを心底考え、どんな人がどんな行動をして、この商品を使ったときどんな表情になるのかを想像する。ピンポイントでターゲットを定めること。

そのほうが失敗・成功がわかりやすいし、営業もしやすい。失敗したら正直に謝って言い訳しない。

本音を言えば、誰もが欲しがる商品をいつかはつくってみたい。けれど、ぼくたちが大手と勝負して勝っていくには局地戦で勝負するしかない。だからビジネスをやっていく上では「ひとりのお客様を幸せにする」ということを大切にする。それが、他社との大きな差別化にもなるのだ。だから「一点突破」なのだ。

〈焼きペヤングメーカー〉でそのことがよくわかった。

「**ぼくらはみんなを幸せにする必要はないんだ**」ということがわかったことは、会社として大きな収穫だった。

景品向けに安くする志向

「局地戦で戦う」ということは、「機能を絞る」ことにつながる。機能を絞れば、ターゲットはおのずと絞られる。間口が狭くなり、入って来られる人は少なくなるが、そのぶん確実にターゲットに届く。

とまあ、かっこよくマーケティングについて語ってはいるが、「機能を絞る」という発想は、苦肉の策でもあった。

前に述べたように、ぼくたちの場合、ゲームセンターの景品向けのデジカメやMP3プレイヤーなどを、機能を絞って安くする必要があった。

最初に価格が決められていると、それに沿ったものにしないといけなくなる。まだ自分たちで商品開発できなかったころは、そうした機能を絞った商品を中国から探してきて景品として卸していた。

逆にそれがお客さんに刺さっている。ボタン1個だけとか、ボタンさえなくて、コンセントに抜き差しするだけで通電するようになるものなどだ。

こうした機能を絞ったものでも受け入れられることがわかっていたから、〈焼きペヤングメーカー〉のときにも機能を絞ってもある程度、受け入れられるだろうという目算があった。

世の中の家電には、ボタンが多かったり、機能が豊富だったりするものがある。購入するときにはいろいろできていいなと思うのだが、結局、よく使う機能は決まってくる。だいたい必要な機能は2、3に絞られてくるものだ。

日本の家電は必要のない機能がたくさんありすぎて高価だという指摘があるが、お客さんの要望をどんどん取り入れていくとそうなってしまうのかもしれない。

それに、他社と差別化しようとするときに、何かを付け加えようとする発想になりやすいということもある。ぼくらも営業していると、「こういう機能つけられないの？」とよく問われる。営業からそういう話が上がってくると、つけたくなる。だが、誰が欲しい機能かがあまり考えられていないと、それはとってつけたようなものになる。つけたところで結局、誰も喜ばない。

こういうことは、けっこう今の企業のなかで起こりがちではないだろうか。消費者の声に耳を傾けろと上司から言われて、何か新しいものをつくろうとするときには増やす発想になりがち。減らすのは進化ではなく、後退と見られてしまうからだ。

そういう方向だと、がんばればがんばるほど売れなくなる。

つまり、「がんばる」の方向性を変えないといけない。

高機能高品質をプラスさせていくほうが進化であり成長であった時代もあったが、今はそうじゃないんじゃないか。

……とまたかっこいいことを言うようだが、ぼくたちには最新の機能を加えるだけの技術的バックボーンがまだないだけ、という話もある（笑）。

自分たちができるところをやっていこう、と考えた結果でもあった。

最新の機能を加えることができないなら逆に減らそう。機能を減らしていくことも差別化になるということだ。

第5章

答えが見えない泥沼のなかを突き進め

第13話 情熱が乗り移った〈ホームロースター〉開発

第2、第3の〈焼きペヤングメーカー〉を目指して開発の日々を送っていたころ、企画会議の俎上《そじょう》に乗ってきたのが、コーヒー豆の焙煎機《ばいせんき》だった。それも家庭で手軽にできる、小型の焙煎機だ。

開発のきっかけはお客さんからの要望だった。

うちがすでに販売していた商品に〈ポップコーンメーカー〉があった。その商品を購入したお客さんから「小型のコーヒー豆焙煎機がつくれないか」という話がうちの営業マンの耳に入った。

というのも、そのお客さんは自家製焙煎豆を売るお店をやっている人で、自宅でも手軽にコーヒー豆が焙煎できたら、と考えていたようなのだ。

そのお客さんは〈ポップコーンメーカー〉を使って実際にコーヒー豆の焙煎を

試してみたらしいのだが、いっこうにうまくできないという。

ユーチューブを覗いてみたら、似たようなことをやっている人がけっこういた。アメリカでもポップコーンメーカーを改造して焙煎している人がいるようだった。

そのお客さんというのが、事務所から車で30分ぐらいのところにある喫茶店オーナーのAさんだった。

Aさんは自分でも焙煎機を製造してクラウドファンディングするほどコーヒーにこだわりのある人だ。だが、Aさんの焙煎機はガス仕様で、個人で購入するにはちょっと値の張る商品だった。

そこでもっと安価なものができないかと、うちの営業部に相談していたのだ。

Aさんからすれば、もっと安い焙煎機があれば、自ら焙煎するという習慣が広がるだろう。そうなればコーヒーの文化ももっと豊かなものになるだろう。そういう思いがあったのだと思う。

〝自宅焙煎機〟である〈ホームロースター〉を中心となって開発したのは、入社

16年目の甲斐さんだった。

調べてみると、市場にはガス火で焙煎する手動の焙煎機があるにはあったが、7000〜8000円と安いものの、技術がないとあまり上手に焙煎できないものだった。本格的なものになると、電子レンジより大きくて、10万円を超えるものばかりだった。

ぼくらはこれらの中間のものがつくれたらいいなと思っていた。甲斐さんに開発を任せることになったが、ぼくも甲斐さんもコーヒーにそれほどこだわりがなかった。それでも甲斐さんが自分でやると言ったので任せることにした。

個人が行う焙煎方法として最も一般的なのは直火式《ちょっか》という、直接ガス火で豆をあぶる方法だ。しかし、これは手を常に動かしながら、10分以上火の前に立たなければならないし、「チャフ」と呼ばれる豆の薄皮がはがれたものが周りに飛び散ってしまう。

それに、火からおろしたあとはそれ以上、熱が入ってしまわないようにすぐに冷却する必要がある。冷却にはうちわであおいだり、ドライヤーの送風を使ったりして、とにかく手間がかかるのだ。

そもそも家庭用の焙煎機というジャンルというか、発想そのものがなかったのだと思う。これがボタンをひとつか、ふたつか押すだけであとは全自動でできたらいいに違いないと思った。

うちには〈ポップコーンメーカー〉があったから、生豆《なままめ》を買ってきて試しに焙煎してみた。

５分、10分とやってみたが、コーヒー豆の色がなかなか市販のものに近づかない。ずっと加熱し続けていると、なんとか市販のものに似た色になった。甲斐さんは当時の開発のきっかけをこう述懐する。

「Aさんの話を聞いて試しに〈ポップコーンメーカー〉を改造して、火力を上げて焙煎して会社で飲んでみました。すると、香りの立ち方が、私がいつもカップの上に載せてお湯を注ぐだけのドリップコーヒーとはまったく違っておいしかったんです。これやったら売れる!と思いましたね」

ところが、話はそう簡単ではなかった。

このときは〈ポップコーンメーカー〉のプラスチック製のフタが熱で溶けてしまった。ポップコーンなら3分ほどでできるから、温度もそれほど上がらずに溶けることはない。しかし、焙煎で長時間熱を加え続けたために、熱に耐え切れなかったのだ。


そこからいろいろ調べていくと、焙煎には3つの方式があることがわかった。ひとつはすでに述べた「直火」、ひとつが「熱風」、もうひとつが「半熱風」だ。「熱風」は熱風で熱を加える方法、「半熱風」は「直火」と「熱風」のいいとこどりをしたような方法だ。

うちは熱風で熱を加えて焙煎する方式にした。

熱を発生させる機構は〈ポップコーンメーカー〉のものを、風を発生させる機構はわたあめ機のものを使い、ふたつの技術を合体させればできるだろう、と考

え た。

自分たちではつくれそうにないと感じて、つくってくれそうな工場を探すことにした。

ある工場に話をすると、乗ってくれた。この工場は、〈ポップコーンメーカー〉や〈ジャンボわたあめ屋さん〉をつくってくれていた中国の工場だ。

このときにはすでに〈ジャンボわたあめ屋さん〉が売れていたため、工場も喜んでいて、信頼関係も高まってきていた。

焙煎のことを話すと、工場側もアイデアを出してくれて、最初のプロトタイプができた。この試作機１号はあっさりできた。

最初にＡさんから話があってからすでに２年が過ぎていた。

長い長い完成までの道のり

試作機は高い温度が出て、熱風によって焙煎する方向性も固まった。

そこからは焙煎を試してみる日々がはじまった。

だが、ここからが長かった。

ぼくらはそもそも焙煎というものが何か、最初はまったくわかっていなかった。実はぼくの祖父は滋賀県で喫茶店をやっていたことをあとになって思い出したのだが、それほどぼく自身、コーヒーにこだわりがなかった。

食後によく缶コーヒーを飲むが、商品にこだわりがあるわけでもない。外出先の喫茶店で飲むのはたいていアイスコーヒーで、自宅ではお酒は飲んでもドリップしてコーヒーを飲むことがあまりなかった。

そもそもうちの会社にはそこまでのコーヒー好きもいなかった。まずは焙煎とは何で、どうやったらおいしいコーヒーになるのか、考えなければならなかった。

ここからぼくらは泥沼にはまり込むことになる。

コーヒーの淹《い》れ方に、ドリップ方式や、フレンチプレスなどさまざまな方法があるように、焙煎にも流派のようなものがあって、いろいろな方法がある。焙煎直後がおいしいと言う人もいれば、2日後のちょっと落ち着いたときが一番いい状態だと言う人もいる。

ぼくたちは普通にペーパーフィルターでドリップする方法で、おいしく飲める状態にすることを目指した。

ぼくらも初めて知ったのだが、焙煎をしているときはコーヒー特有のあの香りはせず、穀物を炒《い》っているような匂いがする。トウモロコシを焼いたときの匂いに似ている。自家焙煎の喫茶店に通っては、焙煎された豆の香りを嗅いで覚え、それを会社の試作機で再現することを目指した。

表面的にいい色がついていても豆のなかがどうなっているかわからない。本当の味は豆を挽《ひ》いて、お湯を通して飲んでみるまでわからない。それぐらい繊細な世界だった。

ぼくらは泥のなかに膝までつかって初めて、泥沼に足を踏み入れていたことに気づいたのだった。

中国の工場にこれらのことを電話で説明するのだが、まず焙煎を理解してもらうのに苦労した。

上海《シャンハイ》の工場だったのだが、彼らはコーヒーをドリップして飲むことがないらしい。もっぱらパックになったインスタントコーヒーを飲むという。

「日本ではこうやって豆を挽いたのをドリップして飲むんだ」と言うと、「知ってるよ」と言うぐらいの感じ。彼らにとってドリップコーヒーは家で飲むものではなく、店で買って飲むものなのだ。

実際に見せたほうが話は早いと思い、甲斐さんは右手に〈ポップコーンメーカー〉を、左手に生豆を脇に抱えて工場のある上海に飛んだ。

ところが、だ。

「これはなんだ？　コーヒーの生豆？　生ならダメだ」

中国の税関で検疫にひっかかってしまい、せっかくもち込んだ10キロもの生豆を没収されてしまった。しかたなく現地で調達することになった。

そんなトラブルがありながらも、中国の工場で実演してみると、彼らも共感してくれてやる気になってくれた。

もっとも苦労したのはチャフの処理だった。

生豆に火を加えていくと、豆の表面を覆っている薄皮が細かく砕けて舞い上がる。〈ポップコーンメーカー〉だとポップコーンが出てくるところから、チャフが出てきてしまう。チャフを飛び散らせずに、豆と分離させて集める仕組みが必要だと思った。

フタの部分を網目にして、下から吹き上がってくる風を抜けさせると同時に、チャフが外に出て行かないようにした。

しかし、網目が小さければ風が抜けないし、大きければチャフが外に散らばってしまう。両立させる大きさを見つけるのに苦労した。

チャフ問題で3か月を要してしまった。

「開発の日々は……地獄でしたね。はじめた当初は地獄のはじまりとは思ってなかった。朝に焙煎し、昼に焙煎し、夕方焙煎し、みんなが帰ってから夜な夜な焙煎しました」（甲斐さん）

細かい温度設定で焙煎できるようにしてもよかったが、やったことがない人にも焙煎を経験してほしかったし、焙煎の経験のある人にはより手軽かつ簡単に使えるようにボタンを少なくした。ボタンは、電源ボタンの他には、煎りの深さを選べるように「ダーク」と「ミディアム」のふたつだけにした。

温度や時間の設定ができたほうがいいという話もあったが、そうなると価格がはね上がってしまう。想定価格は2万円台だったから、その値段に抑えるためには、機能を絞り込む必要があった。

「ダーク」と「ミディアム」で狙った色になるように、焙煎してはコーヒーを飲むということを続けていった。

嬉しさと責任感と、恐怖

何度も何度もテストし、試作機をつくる。そのたびに金型代がかかって、開発費は膨らんでいった。

会社として大きな投資だった。でも、年間で1000万円売れるアイテムは5つぐらいしかなかったから、この焙煎機もそのひとつにどうしてもしたかった。

何とかしなければと思い、今度もクラウドファンディングで支援を募ることにした。

〈焼きペヤングメーカー〉や〈インペリアルクーラーボックス〉のときは、話題づくりのためだったが、今回は純粋に開発費をねん出する意味があった。

目標額は300万円に設定した。

フタを開けてみると、ものの数週間で300万円に到達し、その後もぐんぐんと金額が増えていった。

最初はお客さんの期待の大きさを実感できて嬉しかった。

ところが、500万円、1000万円と金額が増えていくにしたがって、今度はだんだん怖くなってきた。

「これで完成せぇへんかったらどうしよ……」

チャフ問題の次は、フタの高温問題だった。

はじめはフタをプラスチック製にしていたが、やはりあまりの高温で溶けてしまった。

「かなりの温度の熱風を下から吹き上げるから、最上部のフタの部分に熱がたまって最高250度ぐらいになります。普通のプラスチックではドロドロに溶けてしまう。そこで、ガラスに着目しました。ガラスなら、なかも見えるし好都合だと思ったのですが……」(甲斐さん)

これまでガラス製品は扱ったことがなかったから、新しくつくってくれる工場を探すことになった。

まず国内の業者を探してみたが、価格が折り合わなかった。

次に例によって中国の工場に問い合わせてみると、おあつらえむきの会社が見つかった。

さっそくつくってもらったら、まずまずのものができ上がってきた。これならイケるだろうと量産のGOサインを出した。

ここでまた、「ところが」である。

しばらくしてできてきた部品を見てみると、ガラスのなかに汚れがあったり、シワができていたり、気泡が入ったりしていて使えない不良品ばかりが届いた。

完成させるまでのハードルと、量産するまでのハードルがある。

完璧なものをひとつつくることはできても、これを1000個、1万個とつくるにはまた別のレベルの難しさがあるのだ。

そこでまた国内生産を目論《もくろ》んだのが、やはり値段や納期がどうしても折り合わなかった。

別の工場に依頼し、細かい修正を繰り返してなんとか満足のいく品質のガラスフタが量産できるようになった。

結局、クラウドファンディングのお客さんへの納期を3か月ほど後ろ倒しにすることで決着した。

あとで聞いた話によると、どこでつくってもごく小さな気泡はできてしまうのがガラス製品なのだという。

クラウドファンディングの応募は１５００人以上、金額は３０００万円を超えていた。

嬉しさと責任感と、もうあとに引けない恐ろしさがまざっていろんな意味で震えが来ていた……。

第14話

コンビニコーヒーよりおいしく

初回ロットは2500台を予定していたが、クラウドファンディングだけで3205人が応募してくれたため、すぐにも完売状態になった。

最終的にクラウドファンディングで集まった金額は5428万2000円になった。なんと達成率は1809%にもなった。最終的に初回の製造ロットは5000台にした。


クラウドファンディングの金額が膨らんでいくなかで、嬉しさよりも「この人たちを満足させられるのか」という恐怖のほうが次第に大きくなっていった。

飲食物は何でもそうだが、「通」を自称する人は、味にむちゃくちゃ厳しい。

コーヒー通の人は特にそんな人たちが多そうだというイメージもあった。

他の嗜好品と違って飲食物は、「おいしい」の基準がバラバラだ。何をもっておいしいとするかが人によって違いすぎる。

コーヒーそのものにしたって、苦味や酸味、コクの強さなどその人の嗜好がある。それにドリップなのか、フレンチプレスなのか、どんな淹れ方をするかでもまた味が大きく違ってくる。

だから、どんなに自分たちのなかで完璧だと思ったものでも、クレームをつけてくる人もいるだろうと覚悟した。

そこで、当初の目標としては「コンビニのレジ横のコーヒーよりもおいしい」というものにした。

おいしいの基準づくりはとても難しい。

いろんな人の意見を取り入れるのは一見いいようだが、いつまでも改善を続けることになってしまう。

「やったほうがいい」ことはたくさんあるけれど、そのなかで「やらないといけない」ことだけ絞り出すことが必要だ。そうでないと前に進めない。

必要なことは、「どこにフォーカスするか」ということ。やったほうがいいことのなかに、価格との関係で捨てられる要素もある。

浅煎《あさい》りができるほうがいいという意見も出た。上質なコーヒーの本来の価値を重視するサードウェーブとかで浅煎りが流行っているのもある。味がフルーティになるという。

でも、焙煎の素人は浅煎りからは入らないというのがわかっていたから、浅煎り機能は捨てることにした。浅煎りは酸味を強く感じやすく、生豆によって大きく味が変わるからコーヒー通向けなのだ。

ブルーマウンテン、モカ、グアテマラ、キリマンジャロなどコーヒー豆にはさまざまな種類があるが、これはそもそも産地を示したものだ。

これらの種類によって苦みと酸味の特徴が違うと言う人もいれば、いやいや、産地ではなく煎りの深さで決まるのだと言う人もいる。

細かい人になると、同じ国で栽培されていても農場ごとに味が違うと言う人もいるくらいなのだ。

煎り方のほうが産地や品種や農場の違いよりも、味に対する影響が大きいということなのかもしれない。すでに述べたように焙煎方法も3つあり、焙煎度合いも8段階と言う人もいれば、15段階だと言う人もいて、それぞれ一長一短ある。

そこまで行くとマニアックすぎて、「ちょっと自分で焙煎して飲んでみたい」ぐらいの層はついていけなくなる。

だからもうそんなところまで追いかけていくのはやめ、「コンビニのレジ横の100円コーヒーよりもうまいもの」という原点に立ち返ることにした。

「これが家でできたら十分」

「もう後には引けない。今自分たちができる最高のものを出すしかない。ダメなら次回改良版を出すことでなんとかしよう」

と腹をくくるしかなかった。

期待の声に押しつぶされそうになりながら、コーヒーを飲み続ける日々は、甲斐さんにとっては生きた心地がしなかったと思う。

だが、そんな日々を過ごしたにもかかわらず、甲斐さんはコーヒー嫌いにもならず、逆に好きになっていったと言う。

不思議だが、〝焼きペヤング〟のときのぼくもそうだった。「お腹いっぱいでも食べなきゃ」というのがしんどかっただけで、味はいつでもおいしかったし、どんなに食べても嫌いになることはなかった。

甲斐さんもぼくも、そこまで徹底的に商品と向き合ったからだと思う。

最後の詰めのところでは、甲斐さんが3週間も上海の工場に通い詰めた。

甲斐さんは日本の大学院在学中に、当時の担当教授に「中国に行ってみないか」と言われて、1か月後の留学を決めた行動派だ。

日本での大学の専攻は土木だったが、教授の母校である中国の大学に推薦してもらい、語学留学したのだ。

「中国に行ってみて思ったのは、彼らはものごとをはっきり言うということです。

好き嫌いもはっきりしている。私もそうだから自分に合っているなとは思いました。中国人相手は苦労もするけれど、彼らと仕事をするのは基本、楽しいですよ」と甲斐さんは言う。

けれど、本人は相当苦労したはずだ。

「工場の人たちには『できるまで帰らんぞ』と言ってハッパをかけました。と言うのも、私がいるのといないのとでは動きが違う。いなくなると、すぐに手を抜こうとするんです。

私は中国語をしゃべれるのでやりとりは問題ありません。けれど、言葉は通じても話が通じないということがよくある。意図が伝わっていないんです。習慣、文化のベースが違うから、考え方が違うんですね。

いちばん困るのは、向こうが自分たちで都合のいいようにやって、『こうしました』と事後報告してくること。勝手にやってしまう。『そんなん言ってへんやん!!』ってなるんです。相手（私たち）が受け入れざるを得ないだろうというところまでつくっちゃう。向こうも強気に反論してくることがある。『だって、こうやったほうがいいと思ったからやってん！（もちろん、実際は大阪弁ではないですが）』と言うから腹立つこともあります。中国の工場とのやりとりを15年やってきていますが、それでもなかなか難しいことはありますね」（甲斐さん）

中国では売り手と買い手の立場が対等。それどころか、工場のほうが立場は上というぐらいの態度のときもある。だから、事前に「こういうことはやらないで」と釘をさしておかないといけない。

そんな苦労をしながら、断続的に開発は続いた。手掛けてから1年半ぐらいかかってようやく完成品ができ上がった。

味の深追いはせずに、とにかくコンビニコーヒーよりうまいと思えるものにしようという目標は達成できた自信はあった。

お店で焙煎してもらったものと飲み比べしたら、味がほぼ一緒だったときには感動した。

会社のみんなにも試飲してもらったが、概《おおむ》ねみんな高評価だった。そこで最終的にAさんの喫茶店にもち込んだ。

きっかけがAさんだったから彼の意見を聞こうと思ったのだ。

目の前で焙煎してみて、豆を挽いて、ドリップしてみた。

Aさんがうなずいて、一言こう言った。


「これが家でできたら十分ちゃう?」


Aさんは喫茶店で自分が焙煎したコーヒー豆を売っているが、店のなかにはイートインスペースもある。そこには砂糖もミルクも置いてない。

「コーヒー本来の味を楽しんでほしいから」らしい。

それぐらいストイックにコーヒー道を究めているAさんに認められることで、ぼくたちはさらに自信をもった。

専門家としてもうひとり、焙煎のプロにも実際に飲んでみて意見を聞いたが、こちらも高評価だった。

あまりたくさんの人に聞いてもわからなくなるだけだから、そこで意見を聞くのは打ち止めにして完成とした。

コールセンターに寄せられる声にも変化

クラウドファンディングに応募してくれた人たちの声としては、納期のことで怒られたり、「中国でつくるからそうなるんだ」と言う人もいたけれど、全体的には期待してじっと待ってくれていた人たちばかりだった。

焙煎機の場合、まず消費者のイメージができてなかったが、クラウドファンディングをすることによって、おぼろげだったお客さんたちのイメージをハッキリできたのはよかった。

２０１９年７月、クラウドファンディングで買ってくれた人たちに完成した〈ホームロースター〉を送ることができた。

焙煎機と生豆をセットで梱包して、すぐに焙煎できるようにした。その生豆は、協力してくれたAさんのお店ともうひとつ別の焙煎屋さんから買ってお礼とした。

届けたあとで、商品としてこなれていないところがあって、焙煎後の豆の色が濃すぎるとか薄すぎるとか、そもそも焙煎できないという声もあるにはあった。焙煎時の機械内の温度は、周囲の環境にも影響される。気温10℃の日にやるのか、30℃の日なのかによって焙煎後の色がほんの少し変わってくる。

また、焙煎機が壁に近かったり、天井が低かったりしても温度が高くなるのが速くなるので違いが出てくる。

意見や苦情のようなものがいくつか来たが、ぼくたちはそれに全て対応していった。

〈ホームロースター〉は1年経過した時点で1万台に達するヒット商品になった。

クラウドファンディングになぜこれだけ集まったか。〈焼きペヤングメーカー〉が売れたりとか、〈秒速トースター〉も同じ人に買ってもらったケースがけっこうある。そう考えると、ライソンという会社のファンも少しずつ増えてきたと思う。
〈焼きペヤングメーカー〉や〈ホームロースター〉を売り出してからは、コール

ヒット商品となった＜ホームロースター＞（上）。コーヒーの生豆のチャフもきれいに分離されている（下）

センターに寄せられる声も変わってきた。

問い合わせの内容は、それまでは不良品の対応を求めるものなどクレームがほぼ100％だったが、〈ホームロースター〉以降、どこで売っているのかとか、お勧めの使い方などのポジティブな問い合わせが増えてきた。そんな話のなかですごくおいしいと直接感想を述べてくるお客さんもいて、それによって社員のやる気も出てくるようになった。

やはり仕事というものは、自分がやったことが会社の外でどのように影響しているか、実感できることが大事なのだと思う。その影響がポジティブなものであれば、仕事上の多少の苦しさは乗り越えていけるのだ。

第6章

自分たちにできることで勝っていこう

第15話

「今までにない商品」×「今までにない売り方」

ライソンでは自社製品をつくっていくのと同時に、売り方も変えていった。

それがすでに述べたクラウドファンディングを活用することだ。

〈焼きペヤングメーカー〉は、商品単価も安く、それまでと同じように小売店に買ってもらえると思っていたが、いざ小売店に営業に行っても「ペヤングしかつくれない商品なんて売れると思わない」「他のホットプレートと違いがわからない」などと、思うような反応を得ることができなかったため、ここはクラウドファンディングをするしかないと思い、READYFORというクラウドファンディングサイトでチャレンジすることにしたのはすでに述べた通りだ。

READYFORを選んだのは、

①手数料が安い

②READYFORを使うユーザーは人の思いや夢を応援したい人が多いと感じていたこと

というふたつの理由があった。

クラウドファンディングをやる場合、どのサイトでもよいというわけではなく、そのサイトがどんなプロジェクトをやっているのか、どんなプロジェクトに支援金がたくさん集まっているのかを事前に調査したほうがいい。

たくさんのクラウドファンディングサイトがあり、その方針や支援者の特性がさまざまだからだ。

〈焼きペヤングメーカー〉のときは、いつにも増してエンドユーザーのペルソナがはっきりしていたので、新たにプレスリリースにもチャレンジすることにした。

それまでプレスリリースというのは、大企業が芸能人を呼んで記者会見をしたり、新聞記者やテレビ関係者との人脈をもっている広報担当みたいな人しかできないものと思っていたが、「PR TIMES」というプレスリリースサイトを知って自分たちでもやってみようと考えた。「ＰＲ ＴＩＭＥＳ」はプレスリリースをネット上で展開しているもの。中小企業やベンチャー企業の商品・サービスのプレスリリースを閲覧することができるサイトだ。

本当は〈焼きペヤングメーカー〉のプレスリリースは社員に書いてほしかったのだが、誰も書いたことがなく、新しい仕事にはみんな否定的なので、結局、ぼくが書くことになった。

プレスリリースの書き方に関しては書籍を参考にした。最も役立ったのは、『メディアを動かすプレスリリースはこうつくる！』（福満ヒロユキ著、同文舘出版）だった。

そこにも書いてあった「世界初」というフレーズを〈焼きペヤングメーカー〉にも使ってみた。

「世界初！　焼きペヤング専用ホットプレート」

という具合だ。

世界初という言葉は、景品表示法違反になりやすい表現なので使うときには注意が必要だが、非常に強い訴求力がある。

「世界初」が効いたのか、プレスリリースの〈焼きペヤングメーカー〉のページは結果的に８万ＰＶ以上を獲得し、テレビ、ラジオの取材も20回以上来た。広告費換算ができないのでなんとも言えないが、このプレスリリースはとんでもない広告効果をもたらしてくれた。

結果的にクラウドファンディングで５１７万円、計１７０１名の支援者に購入してもらうことができたのはすでに述べたとおりだ。

プレスリリースは企画者自ら書く！

ぼくは自分で〈焼きペヤングメーカー〉のプレスリリースを書いてみて初めて、広報担当がいなければ「企画立案者自身が書くべきだ」と思った。

プレスリリースは、「誰が」「どういった思いで」「誰のために」書くのかが大切だ。

どんな会社でも誰かの役に立つ商品やサービスを売っているとは思う。ただ、今までにない「新商品」や「新サービス」は思いのほか、人に伝わりにくいもの。

ぼくはその「思い」を言葉にすることがとても大事だと思っている。その商品をつくったきっかけ、思いを言葉にして、その思いを叶えるためにこんな商品をつくったという根っこの部分は企画者にしか言葉にすることはできない。

口下手でも思いを文字にすることはできる。別にきれいでカッコいい文章である必要はない。文章が下手でも、それは思い入れのない人が書いたきれいでカッコいい文章より、よほど味があるし、真実味をもって伝わるものなのだ。

もちろん、それを読むメディア関係者の存在も忘れないこと。

たくさんの記者の方が伝えてあげたい、もっとみんなに知ってほしいと思うような情報は何なのかを常に考えることだ。

写真はプロに撮ってもらう

プレスリリースの内容は、文章同様に写真にもこだわった。

自分たちで商品写真を撮っていたこともあったが、やはりプロだとモノが違う。写真や画像が安っぽかったり、素人っぽかったりすると、発売する商品やサービスがどんなに素晴らしくても、その価値が伝わらないものだ。

そこで〈ジャンボわたあめ屋さん〉のときから、写真は社内の誰かに撮ってもらうのではなく、プロのフォトグラファーに依頼することにした。

まずフォトグラファーをクラウドワークスという、ネット上で各種プロを探せるサイトで見つけて依頼した。フォトグラファーには料理、車、人物など得意とする専門分野があるようなので、自分たちの商品に合う人を探した。

1枚のよい写真を撮るためにはフォトグラファーだけではなく、使用シーンを再現するときのモデルやメイクアップアーティスト以外にも、さまざまなコーディネーターが必要になる。フォトグラファーは「写真を撮る」プロであって、おしゃれなテーブルコーディネートやモデルの手配やメイクなどは別のスキルをもった人が必要なのだ。

これらのプロもクラウドワークスで見つけることができた。

ただ、写真撮影のときにも企画立案者が同行して、商品のどんなところを伝えたいかをフォトグラファーやコーディネーターたちに指示しないといけない。それもやはり思いを写真にのせることで、伝わるものがあるからなのだ。

インスタグラムチャレンジ

特に若者を中心にだが、ＳＮＳを使って自分の欲しい商品を探す時代になった。

そこでぼくらも他の企業がやっているようにインスタグラムを使って商品をＰＲしてみようということになった。

題して「インスタグラムチャレンジ」だ。

しかし、最初は何を投稿すればいいのか、どんな写真を撮ればいいのか、まったくわからなかった。

そこで出合ったのが株式会社アンダーバーという会社だった。

この会社のｍｉｎｔというＳＮＳ運用代行サービスは、

①インスタグラムコンセプト立案
②インスタグラムの投稿
③投稿するときの画像制作
④投稿するときに必要な素材の作成
⑤投稿へのフォロワーさんの一次対応

と、ここまでしてくれる。

特筆すべきは「モデルを用意しての商品撮影」だった。

ぼくらのような小さい会社では、画像はほとんどフリー素材や有料で購入した素材との合成が多くなると思う。

けれど、ｍｉｎｔに頼めば、２か月に１回、自社商品を使っているシーンを、モデルを使って新規に撮影してくれる。

その写真はパッケージや販促用のディスプレイなどにも使用ができるので、一石二鳥のサービスだった。

このサービスを使ったおかげで、インスタアカウントも約2年で1万フォロワーを超えることができ、「商品をインスタで見ました」などの声がユーザーから出てくるようになった。


〈ジャンボわたあめ屋さん〉から売り方を変えるということをはじめた結果、クラウドファンディングで〈焼きペヤングメーカー〉が売れ、さらにインスタグラムを活用することで、〈インペリアルクーラーボックス〉や〈ホームロースター〉の成功につながっていった。

誰もマネができないような技術や、革新的なコンセプトをもった商品でないかぎり、他社の商品との競争を避けることはできない。

ただ、漫然とつくって売っていたのではやがて価格競争をするしかなくなる。

その競争から逃れるためには、特徴のある一点突破の個性的な商品であることと、それを売っていくターゲットに刺さる売り方（宣伝方法）が必要だ。

商品と宣伝が両方揃っていないといけない。どちらかだと売れないか、売れてもすぐに失速してしまうことになるだろう。

ぼくたちが一定の結果を出せたのはこのふたつの要素を満たしたからなのだろうと思う。

第16話

勝利の方程式なんてない

あらためてそれぞれの商品が売れた理由を考えてみると、〈焼きペヤングメーカー〉も〈インペリアルクーラーボックス〉も〈ホームロースター〉も、それぞれ個別の理由があるように思う。

〈焼きペヤングメーカー〉のときは、ペヤング自体のブランドが強かったのがまずひとつある。ペヤングに強烈な思い入れのあるペヤンガーがいる。そういう人たちに向けて、満足のいくものがつくれれば、必ず受け入れられるだろうと思った。

実際にそれは受け入れられた。ペヤングをもっとおいしくしてみたい、もっと味を追求してみたいという欲求が、わざわざ焼くという手間を乗り越えていった。

「情熱があったから」というのもあるだろう。

ペヤングメーカーや、クーラーボックス、焙煎機は社内の誰もが売れるのかどうかわからない商品だった。

けれど、ぼくにはある程度の確信があった。それは「ペヤング」「クーラーボックス」「焙煎機」には、その商品に対する担当者の「熱量」がすごいと感じていたからだ。

古川さんは、ハードクーラーボックスをつくってみたいという情熱がとにかく熱かった。こんな商品をつくりたいという情熱を商品に注げば、やっぱり魅力的なものができるのだ。

人からの熱量を感じるときには、その人が好きなことに対して会社にある大きなホワイトボードいっぱいに魅力が書けるのかどうかをひとつの基準にしている。

大阪人のぼくがペヤングメーカーは売れると確信できたのは、埼玉県北部出身の彼がペヤングについてホワイトボードいっぱいに書けるぐらい語ってくれたからだった。

「情熱」をもった人が欲しい商品をそのままつくってしまうと、とんでもないコストになったり、技術的、物理的に不可能になるものが多いが、「この値段で、この機能ならよくないですか?」というところまで機能や価格を下げたり、わかりやすい商品にすることによって、もう少したくさんの人が欲しがる商品になることがあるのだ。

「情熱」は、企画立案者だけでなく、他の社員の情熱、社外の人の熱量を感じてそれを生かすやり方もある。

〈焼きペヤングメーカー〉は例の社員の情熱がぼくに乗り移ったものだったし、甲斐さんももともとコーヒーが特に好きなわけではなく、情熱があったわけではなかったが、Aさんの情熱を引き受けてつくりはじめた。

甲斐さんは、焙煎機をつくる過程で何度もコーヒーを飲むことで、どんどんコーヒーが好きになり、焙煎機への情熱が湧いていった。

最初から熱い情熱ではじめなくても、いいものはできるってことだ。

趣味が同じ人が集まるようなフェスや展示会に足を運び、そこに来ている人たちがどんな顔をしているのか、どんなときに笑顔になっているのかを観察し、その人たちを驚かす、喜ばす商品はどんなものなのかを考える、という方法もあるだろう。他人の情熱を感じて、自らの情熱に変えていけばいい。

こういう会社としての気質は徐々に浸透していると感じる。

商品やパッケージのデザイナーで広報役も兼ねてくれる柏原清亨《かしはらきよゆき》くんは、ピーナッツ・クラブの第二営業部からライソン創業時に移ってきたメンバーで、社内の変化をつぶさに見てきたひとりだ。

「デザイン面で最も力を注ぐのは、商品と向き合うところです。何を一番ウリにしたいのかを考えて、そこからデザインに落とし込むことを考えます。どう使ってもらいたいか。マルチに使ってもらいたいのか、限定して使ってもらいたいか。量販店向けとディスカウントストア向けでデザインは変わってくるので、どっちをメインにするのか、両方メインに据えるのかでデザインはまったく違ってくるんです。その上で自分はどうしたいのかを考える。そうやって真摯に商品と向き合っていけば、きっといい商品ができると思うんです」

こういう社員が増えていけば、会社の雰囲気は明るくなるし、結果もいつかはついてくるに違いないと思う。

第4、第5の基軸を生み出せ

今後も調理家電はいろいろと開発していきたいと思っている。狙っているのは、店頭で3000円ぐらいで売れる商品だ。

ぼくらのような弱小家電メーカーが大手と2、3万円の高機能商品で勝負してもなかなか勝ち目はない。だが、大手が手を出しにくい、利益幅の小さい低額商品なら十分商機はあると思っている。

正直言うと、お金をかければなんでもつくれる。けれど、「これができて、この値段ならいいか」と思えるものでないと売れない。

それを常に考えるために、中国でサンプルとして買ってきた全自動ドーナツ製造マシンを常に事務所の目の届くところに置いている。ドーナツの材料と油をセットすれば、コネて絞り出して油で揚げるまでを全自動でやってくれる機械だ。

確かに全自動でドーナツができるのはおもしろいし、機械的に見てもよくここまでつくったな、すごいと感心するくらいだ。

ただ、問題は値段だ。なんと7万円もする。これだけ高価だとホーム家電ではなくなってくる。大学の文化祭などイベント用としてレンタルするぐらいの需要しかないだろう。

機械の図体も大きく、日本の家庭では収納場所に困ってしまう。ただ、収納場所に困らなさそうなアメリカでも売れていないようだが（笑）。

以前は、安くつくれば何でも売れると思っていた。1000円のものが売れていたら、**「うちが900円でつくったら、絶対売れるやん」**と思っていた。

でも、そうでもない。

安ければ売れるってもんじゃなく、安くてよいものでないと売れないことが、だんだんわかっていったように思う。

価格と価値が見合っているときに初めて売れる。そのバランスが大事なのだ。日本の大手電機メーカーはもはや世界でも売れているとは言いがたい。技術的には日本は優れているに違いないが、コストパフォーマンスでは中国に勝てる気がしない。日本の大手メーカーはハイエンド商品（性能のよい高価な商品群）で勝負するしかないのかもしれないが、同じことをぼくらはできない。

つまり、ぼくらはハイエンド商品では日本の大手メーカーに勝てないし、コストパフォーマンスでは中国メーカーに勝てない。そうであるなら、3つ目の基軸で勝負するしかない。

それが何かはまだはっきりとはわからない。でも、〈焼きペヤングメーカー〉や〈インペリアルクーラーボックス〉、〈ホームロースター〉がそれを探るためのヒントになるのではないか。

いや、3つ目の基軸というよりも、その商品ごとに新しい機軸を自分たちでつくればいいのかもしれない。

それを一言で言うなら「ニッチ」ということになるのだろう。

ニッチとはすき間を指す意味で、もともとは建築学における建物のすき間を指す言葉であるという。これが生物学の分野でも使われるようになり、「ある生物が生態系のなかで占める位置。生態的地位」を指すようになった。

これがさらに広がって、「ニッチ産業」とか「ニッチな市場を狙う」というようにビジネスの分野にも応用されるようになった。

ビジネスにおけるニッチは、生物学でいうそれに近いものがある。

生物の世界では、強い者が弱肉強食よろしく世界を席巻、独占してしまうわけでなく、別の種別がそのすき間で生きている。生育地をうまいこと住み分けしているのである。

これはビジネスの世界でもまったく同じことが言える。

ひとつの市場がひとつのビンだとすると、そこにテニスボールが入っていき、大きな位置を占める。テニスボールが埋められないすき間をピンポン玉が埋めていき、さらにそのすき間をパチンコ玉が埋めていく。

中小零細企業は大手メーカーが埋められない、手を出せない市場＝第3の基軸に進出して、パチンコ玉をビンのすき間に詰めていくことができるのだ。

そして、第4、第5の基軸をつくることは、ビンをつくる＝市場そのものを創設することであるとも言える。

今回、ぼくたちがつくった〈焼きペヤングメーカー〉や〈本格 流しそうめん〉、〈ギガたこ焼き器〉や〈ジャンボわたあめ屋さん〉といった商品は、パーティー家電と呼ばれている。小さいながらも新しいマーケットをつくったと言えるかもしれない。

振り返ってみると、「正解はひとつじゃないんだ」ということがわかったこのライソンでの3年だったと思う。〈焼きペヤングメーカー〉のときに「勝利の方程式が見えた気がした」が、そんなものはないのだと、そのあとの商品のヒットでわかった。

やっているぼくらでさえ、ヒットした本当の理由なんてわからない。それがわかったら、いつだってヒット作をつくれることになるのだからそれで当たり前なのだ。

でも、正解がひとつじゃないからこそ、やりがいがある。

結果がわかり切ってる仕事なんてつまらない。

未来は誰にもわからないからこそ、仕事だって楽しくなるってもんだ。

エピローグ　終わりなき挑戦

２０１８年１月某日午前11時、ぼくは若い女の子たちが並ぶ行列の最後尾に立っていた。

列に並ぶ女の子たちの横顔を観察してみた。

みんな友達と楽しそうに談笑している。これから出合えるであろう味にワクワクドキドキしている様子だ。

列の先頭には看板が掲げられ、こう書かれていた。

「超絶甘い、超蜜《ちょうみつ》やきいも」

ぼくが訪れていたのは、東京の品川で開催された「品川やきいもテラス」というイベントだ。趣向を凝らした焼きいもの出店が連なっていた。

東京への出張ついでに立ち寄ってみたら、会場に立ち寄った瞬間、度肝を抜かれた。

若い女性でいっぱいだったのだ。

イベントではいもを使ったスイーツを出す店がテントでブースを出していて、どこもそれなりの行列ができていた。

なかでも一番長い行列ができていたのだが、ぼくが並んだ「超蜜やきいもｐｕｋｕｐｕｋｕ」というお店だった。

１時間並んで購入し、食べてみた。

この店の焼きいもはまるでシロップをかけたように蜜がしみ出していて、トロトロでめちゃくちゃ甘かった。

「焼きいもって今でもこんなに女性に人気なんだな。それにしてもこの焼きいも、めちゃくちゃうまいな。こんなのが家でできたらいいな」

そう考えたぼくは、店内のあまりの忙しい様子に声をかけることがはばかられたので、チラシをもち帰り、後日、店舗に電話した。

「焼きいもトースターをつくりたいから、監修してもらえないか」

すると、店主の須藤さんはすぐに快諾してくれた。

もともとピーナッツ・クラブの第二営業部で、ＯＥＭでトースターをいくつか売っていた。

これらがそれなりに売れていたので、トースターはぼくらでも売れるものがつくれる気がしていた。

ところが、考えが（焼きいもなだけに）甘かった。

追求してみようと思い、ネットや本で焼きいもについて調べはじめたが、調べれば調べるほど奥が深いことがわかった。

焼くと甘くなるのは、サツマイモのなかにあるβ-アミラーゼという酵素がでんぷんに働いて麦芽糖などの甘い成分に変化させるからだ。

難しいことは置いといて、実は日本の焼きいもは世界でも人気で、焼きいもを甘くするための論文もたくさんある。そういう理論も踏まえて研究した結果、より甘味が出る手法をつきとめた。

世の中にこれだけありとあらゆるスイーツがありながら、いまだに焼きいもがキラーコンテンツとしてデザート界の東の横綱に君臨しているわけがわかった気がした。

須藤さんには試作したトースターを送って試し焼きしてもらい、「こういう機能をつけて」とか「これだけ温度が上がるようにして」といった要望を出してもらい、それをぼくたちは試作機に反映させていった。

もちろん、自分たちでも焼いてみた。いもの品種も紅《べに》はるかや安納芋《あんのういも》、鳴門金時《なるときんとき》などいろいろ試した。

2018年からの2年間は2日に1回は焼きいもを食べていた。もう一生分の焼きいもを食べたと思っている……。

そして、2時間かけてじっくり焼くことで、「超蜜やきいも ｐｕｋｕｐｕｋｕ」に近い味になるまでの段階に漕ぎつけることができたのが、2020年の3月のことだった。

２０２１年2月にぼくらは満を持して〈超蜜やきいもトースター〉を発売する。

＊

調理家電をつくるときには、試作してそれを食べ続けなければならない期間が必ず存在する。

焼きそば、わたあめ、たこ焼き、コーヒー、焼きいも……それはほとんどの場合、数か月続く。それでも続けられるのは、お客さんのことを心底考え抜いた結果、欲しいと思う人が必ずいると信じられるからだ。

地獄の日々を続けていくと、遠くにかすかな光が差す瞬間がある。光が見えたらもう迷わない。

「なんでこんなことになったんや」

と思うこともない。

もうその理由はわかっているのだから。

山　俊介（やま・しゅんすけ）
1981年鳥取県生まれ。大阪府出身。ライソン株式会社代表取締役社長。同志社大学文学部文化学科美学及芸術学専攻卒業。2004年4月、株式会社 ピーナッツ・クラブ入社後、すぐに同社系列のルイスヴァージジャパンに転籍。翌年、ピーナッツ・クラブの国内仕入部に移籍。その後、ライソンの前身となるピーナッツ・クラブ特販事業部の立ち上げに尽力する。同じくグループ会社の株式会社ヨシナを経て2018年より現職。趣味はコントラバスの演奏。学生時代や社会人になってから知り合った仲間と今も年に数回の演奏会で弾いている。

岸川 貴文（きしかわ・たかふみ）
編集者・ライター。編集プロダクション勤務を経て2015年に独立。仕事術、自己啓発、生き方、実用など取材テーマは多岐にわたる。

ブックデザイン　唐澤 亜紀
写真提供　ライソン株式会社

焼きペヤングメーカー爆誕!!
一点突破メーカー「ライソン」の破天荒日記!

2021年2月18日　初版第1刷発行

著者　山　俊介

聞き書き・編集　岸川貴文
発行者　松原淑子
発行所　清流出版株式会社
101-0051　東京都千代田区神田神保町3-7-1
電話　03-3288-5405
http://www.seiryupub.co.jp/

編集担当　秋篠貴子
印刷・製本　大日本印刷株式会社

乱丁・落丁本はお取替えいたします。
ISBN978-4-86029-499-1